BULLETIN

DE

L'Association Littéraire et Artistique

INTERNATIONALE

Fondée sous la présidence d'honneur de **VICTOR HUGO**

COMPOSITION DU BUREAU

(Session 1887-1888)

Présidents perpétuels

MM. J.-M. Torrès Caïcedo   MM. Numa Droz
Louis Ulbach   Emile Augier
Pierre Zaccone   L. Chodzkiewicz

Secrétaire perpétuel
M. Jules Lermina

Présidents de la Session
MM. Louis Ratisbonne — Adolfo Calzado — Tony Robert-Fleury
Vice-Présidents
MM. Lad. Mickiewicz — Armand Dumaresq

Secrétaire général   Trésorier
M. Charles Ebeling   M. Joseph Kugelmann
Secrétaires
MM. L. Cattreux — A. Ocampo — H. Dubief

Agent général
M. Henri Levêque

SIÈGE SOCIAL & AGENCE : 17, rue du Faubourg-Montmartre, PARIS

Deuxième Série. — N° 9. — Mai 1888.

CONGRÈS DE MADRID (1887)

COMPTE RENDU DES TRAVAUX

L'Association littéraire et artistique internationale a tenu son dixième congrès à Madrid du 8 au 15 octobre 1887.

Séance préparatoire.

Dans une séance préparatoire qui a eu lieu dans la grande salle de l'Athénée, le samedi 8 octobre, à 10 heures du matin, sous la présidence de M. Louis Ulbach, président de l'Association, il a été procédé à l'élection du bureau du congrès.

Ont été nommés :

Présidents :

M. G. Nunez de Arce vice-président du Sénat espagnol, président de l'Association des écrivains et artistes espagnols, et de l'Athénée scientifique littéraire et artistique de Madrid.

M. Louis Ulbach président et membre du comité d'honneur de l'Association littéraire et artistique internationale.

M. W. Knighton, représentant et vice-président de la Société royale de littérature d'Angleterre.

Vice-présidents :

M. Adolfo Calzado, député aux Cortès, président et membre du comité d'honneur de l'Association littéraire et artistique internationale.

M. Jules Oppert, membre de l'Institut.

M. Louis Ratisbonne, vice-président de l'Association.

Secrétaire général :

M. Jules Lermina, membre du comité d'honneur et secrétaire général de l'Association.

Secrétaires :

MM. Charles Ebeling, Louis Cattreux, Armand Ocampo, secrétaires de l'Association et M. Raoul Chêlard.

Dans cette même séance, il a été nommé une commission d'études des questions soumises au Congrès divisée en cinq sections ayant pour rapporteurs MM. Pouillet, Clunet, Lyon-Caen, L. Cattreux, et L. Ratisbonne.

M. Jules Oppert, et M. Pouillet, déposent sur le bureau des arrêtés du Ministre de l'Instruction publique et des Beaux-Arts de France, les chargeant d'une mission en Espagne à l'effet de représenter le ministre au Congrès de Madrid.

La séance a été levée à onze heures et demie.

Séance solennelle d'inauguration du samedi 8 octobre 1887 (a)

La séance est ouverte à trois heures, dans la grande salle de l'Université, sous la présidence d'honneur de Son Excellence M. Moret, ministre d'Etat, qui prononce le discours suivant en langue espagnole :

« Messieurs,

» Au nom de M. Sagasta, qu'un malheur de famille vient d'éprouver et qui, par suite, ne peut présider cette solennité, je viens, dis-je, en son nom, et aussi au nom du gouvernement espagnol, souhaiter la bienvenue aux illustres étrangers qui ont bien voulu honorer de leur présence notre patrie, et en même temps être l'interprète de la réception affectueuse que nous sommes tous prêts à leur faire.

» En cette occasion, le gouvernement ne doit pas s'écarter de sa mission qui est celle de protéger avec dévouement les hommes de

(a) Voir le compte rendu des réceptions et des fêtes dans le Bulletin n° 8, 2e série. — Décembre 1887.

sciences et de lettres, et cette mission il la remplira avec d'autant plus de dévouement par la suite; car s'il est vrai qu'il est loin d'ignorer qu'à tout gouvernement incombe tout ce qui représente les luttes de chaque jour, il n'ignore pas non plus que sans le sublime, l'idéal, les grandes conceptions d'esprit, il n'est pas possible de faire un grand peuple.

» Soyez les bienvenus, illustres représentants des nations étrangères, et ayez la certitude que vous trouverez ici, au milieu de nous, les descendants de ces fiers Castillans, qui se faisaient un culte de l'hospitalité et un temple du foyer, et aussi un peuple imbu de l'esprit moderne et prêt à marcher dans les sentiers de la science et de la civilisation.

» Le gouvernement, je vous l'affirme, est prêt à appuyer toutes vos décisions; en un mot, il donnera à la propriété intellectuelle sa sanction, parce que cette propriété est sinon la plus noble, du moins la plus personnelle.

» Je dis aussi celle qui dure le plus longtemps, parce que le temps finit par faire disparaître tout ouvrage matériel; il efface les limites et les frontières des peuples, mais il n'effacera jamais ce qu'aura gravé le ciseau de Phidias, ni les œuvres d'Homère, ni aucun des grands ouvrages de l'intelligence humaine.

» Messieurs les représentants étrangers; je vous ai parlé dans ma langue, de crainte de ne pouvoir exprimer dans une autre, que je ne connais pas à fond, tous mes sentiments; néanmoins, je terminerai en vous saluant dans une autre langue et avec des paroles que tout le monde comprendra parfaitement.

» Soyez les bienvenus, nous nous honorons de vous avoir au milieu de nous. »

Ce discours est salué par les applaudissements de l'assemblée.

M. NUNEZ DE ARCE prend à son tour la parole :

« Je parle en castillan, dit-il, parce que c'est la langue de Cervantès, parce que cette grande figure doit être évoquée en ce jour. Savez-vous pourquoi? Parce que Cervantès fut la première victime de la spoliation de la propriété littéraire.

» Quand son immortel Don Quichotte a enrichi nombre d'éditeurs de Vienne, de Paris et d'autres pays, cette héroïque victime de Lépante est mort dans la misère.

» C'est le moment de rappeler que c'est l'Espagne qui, par la loi de 1820, a consacré le principe de la propriété littéraire, et que par cette loi vigilante elle a garanti les écrivains contre les pirateries littéraires. »

L'orateur signale la résistance des républiques hispano-américaines à reconnaître le principe de la propriété littéraire, et il recommande au Congrès de prendre une détermination au sujet de l'état des relations qui existent entre l'Europe et les républiques américaines par rapport à la propriété intellectuelle.

Il termine en saluant de nouveau les délégués étrangers venus en Espagne pour l'accomplissement d'une œuvre de concorde féconde pour l'intelligence, et il espère que le jour où ces nobles aspirations se réaliseront sera une ère de prospérité, de lumière et de paix. (Applaudissements.)

M. LOUIS ULBACH a ensuite la parole.

Il commence par rappeler que le projet de Congrès, en Espagne, n'est arrivé à sa réalisation définitive, qu'après avoir traversé une foule d'obstacles, soit pour des causes politiques, soit en raison de l'apparition du choléra, soit enfin par suite de nombreuses circonstances diverses, aussi peut-on, avec raison, appeler ce Congrès un véritable *Château en Espagne*. Enfin il a lieu, ce Congrès tant désiré, et le *Château en Espagne* est devenu une réalité.

Nous n'avons pas, dit-il, pour objectif unique les intérêts des auteurs et des éditeurs; nous avons encore une autre mission : l'intérêt de la civilisation, et quand nous obtenons la reconnaissance des droits de propriété, nous faisons faire un grand pas à la solidarité des peuples, et si nous n'arrivons pas à ce que la paix soit définitive, du moins nous rendons la guerre plus difficile (Applaudissements).

L'Association littéraire internationale est donc une sorte de Parlement errant qui parcourt tous les pays, n'ayant pas d'autre drapeau que celui de la défense des droits de l'intelligence (Très bien!).

De même que l'on disait jadis, que le soleil ne se couchait jamais dans les domaines du roi d'Espagne, de même on peut affirmer qu'il n'y a pas une littérature dans laquelle on ne rencontre des rayons de soleil de la littérature espagnole, dans la littérature française, plus encore que dans les autres, dans nos romans comme dans notre théâtre; nous paierons donc une véritable dette de reconnaissance filiale en venant déposer une couronne au pied de la statue de Cervantès (Applaudissements),

Nous aurions désiré être accompagnés par les plus illustres, par les *dieux* de notre littérature; mais ces dieux sont sédentaires, et tout l'encens de leurs adorateurs ne peut les faire triompher des obstacles.

Nous devons donc rendre grâce à Jules Simon, qui a bien voulu nous servir de guide à nous, les obscurs et les modestes, mais qui avons cependant un nom dans les lettres et dans la presse; nous admirerons ensemble les richesses des musées d'Espagne, et la belle intelligence de ses littérateurs et de ses journalistes.

J'ai dit que le souvenir de Victor Hugo, l'illustre fondateur de l'Association internationale, ne s'effacera jamais; c'est que les grands hommes sont immortels, et que l'influence de notre grand poète sur la littérature française durera toujours.

Il y a dans votre histoire une légende que je prends la liberté de vous rappeler : votre héros, le cid Campeador était mort, on l'avait attaché sur son cheval célèbre, son *Babieça*, et ainsi il trouva encore le moyen de gagner des batailles sur les Maures. Eh bien, nous ne venons pas ici en guerre; mais Victor Hugo sera pour nous notre cid Campeador, il présidera, en esprit, à nos fêtes et à nos travaux, et avec votre affectueuse hospitalité, nous accomplirons notre mission, nous, les pionniers d'une idée qui doit donner au monde la paix universelle (Vifs applaudissements).

M. CALZADO prononce ensuite le discours suivant :

« Messieurs,

« Dans toutes les Sociétés, à côté des plus capables et des plus brillants, il y a les fidèles et les dévoués, qui suppléent à d'autres qualités par leur constance dans l'œuvre commune. Je suis de ces derniers. Depuis que la Société des écrivains et artistes de Madrid m'a nommé son délégué au Congrès de Londres de 1879, je n'ai pas cessé de représenter l'Espagne comme membre du Comité exécutif de l'Association littéraire internationale. Au Congrès de Lisbonne de 1880, je proposai, pour le Comité d'honneur, notre Nunez de Arce et notre Juan Valera. A Londres comme à Lisbonne, je demandai qu'un des prochains Congrès eût lieu à Madrid. Ce retard dans la réalisation de mes vœux, puisque nous arrivons ici au dixième Congrès, après Rome, Vienne, Amsterdam et autres, n'est pas un manque de courtoisie et de respect vis-à-vis de l'Espagne, dont les gloires littéraires sont des gloires universelles. Loin de là, c'est un hommage qu'on vous a rendu, car on n'avait rien à vous apprendre en fait de protection littéraire, rien à vous demander depuis la loi que les Cortès avaient votée en 1878. Nous avions à remplir notre mission dans les régions récalcitrantes, et nous allions partout, tenant d'une main l'olivier, symbole de la fraternisation littéraire, et de l'autre, le Code espagnol, que nous proposions comme modèle à suivre. (*Applaudissements.*)

« Honneur soit rendu au député qui présenta cette proposition de loi dans la législature de 1876 à 1877, M. Danvila; à la commission nommée pour en faire le rapport, commission composée de MM. Rodriguez, Rubi, Nunez de Arce, Balaguer, Danvila et Escobar. Ce rapport fut approuvé sans discussion dans la législature de 1877; honneur encore aux sénateurs, comte de Casa Valencia et marquis de Valmar, qui l'appuyèrent, dans la haute Chambre, de leur talent et de leurs convictions !

« Aussi, quelle satisfaction pour un Espagnol, adorateur de sa mère-patrie, que de constater en tous lieux que nous étions considérés comme les initiateurs de la grande idée ; Edmond About nous présidant à Londres et nous disant que l'Espagne était la nation la mieux organisée sous ce rapport ; M. de Freycinet affirmant dans son exposé de motifs du traité franco-espagnol de 1880, que ce traité était un progrès considérable sur toutes les conventions antérieures et comme devant accélérer le grand mouvement libéral à la tête duquel s'était placée l'Association littéraire internationale; et M. Challemel-Lacour, un autre ministre des affaires étrangères de France, insistant dans son exposé de motifs du traité franco-allemand de 1883, sur la largeur de bases du traité franco-espagnol, ne demandant même pas à l'Allemagne réfractaire d'aller jusque-là.

« Nous espérions, après avoir posé les grandes lignes de respect à la propriété intellectuelle, et obtenu que la question de la traduction, la plus importante et la plus scabreuse, fût résolue, aborder le problème qui paraissait le plus facile : celui des rapports entre pays parlant la même langue.

La Belgique, au point de vue littéraire, vivant aux dépens de la France ; le Brésil s'emparant du bien des hommes de lettres portugais ; les Américains du nord dépouillant les Anglais, et toutes les contrées hispano-américaines du centre et du sud, pillant impunément les auteurs espagnols. Or, c'est ici que l'Association a le plus de peine à vaincre. Le traité franco-belge est le seul qui soit signé. Les Brésiliens n'ont donné, jusqu'à présent, que des bonnes paroles. Le *Board of Trade* anglais continue ses négociations avec les Américains du nord, sans aboutir, et, quant à nos enfants des républiques américaines, ils prennent les romans de Valera, de Perez Galdos et d'Alarcon, les poèmes de Nunez de Arce et de Campoamar, les livres de Castelar et de Menendez Pelayo, les drames d'Echegaray et la musique de Barbieri, sans souci des intérêts et de la gloire des auteurs. Les dernières communications reçues là-dessus, avouent cyniquement que n'ayant rien à nous vendre en échange, ils aiment mieux prendre nos produits et ne nous en rien donner. Nous appellerons, en temps utile, l'attention du Congrès sur ce point qui intéresse spécialement l'Espagne, et nous émettrons le vœu que, par les voies diplomatiques et autres, on invoque l'équité et la dignité des Etats spoliateurs.

Quelqu'un qui aurait parcouru l'Europe, il y a six ou sept ans, du Nord au Midi, aurait remarqué qu'en Russie, par exemple, la traduction est libre, c'est-à-dire, que d'après la loi, le vol n'est pas un vol, qu'en Suède et en Norwège la traduction était également licite, excepté quand il s'agissait de la version d'un dialecte dans un autre dialecte de la même langue.

« En descendant dans la carte d'Europe, il aurait vu qu'en Belgique, il fallait que l'auteur ne fît qu'une seule édition de son livre, pour être garantie. S'il en faisait une seconde, son livre appartenait aux traducteurs. En Allemagne, dans ses diverses législations, l'auteur était obligé de faire la traduction de son œuvre dans l'année qui suivait l'apparition de l'œuvre originale, quelques Etats ne lui accordaient que six mois, après quoi les traducteurs pouvaient la déformer et l'exploiter à leur fantaisie. Il fallait arriver en Italie pour que ce droit fût porté à dix ans, il fallait venir en France pour qu'il fût reconnu intégralement, aussi sacré que pour l'œuvre originale, pendant toute la vie de l'auteur et cinquante ans après sa mort. Il fallait, enfin, venir en Espagne pour que cette reconnaissance fût portée à 80 ans.

« Quelle consolation pour nous, les Latins ! Ce n'est plus du Nord que nous vient la lumière. Elle nous vient des pays dans lesquels le soleil du Midi se baigne dans des mers splendides ; elle nous vient, avec le culte de la liberté, du droit que rien ne prime, et de la justice éternelle dans l'humanité et pour l'humanité. (*Applaudissements.*)

M. JULES OPPERT, délégué du ministre de l'instruction publique et des Beaux-Arts de France, conjointement avec M. E. Pouillet, avocat au barreau de Paris, dit qu'il est venu à Madrid pour soutenir la cause de la défense de la propriété littéraire.

M. KNIGHTON, prononce, en anglais, le discours que nous reproduisons en français.

« M. le Président, Mesdames et Messieurs,

« L'année dernière, à pareille époque, j'étais en route pour faire le tour du monde, et je me trouvais dans l'Amérique du Nord, voyageant à petites journées de San-Francisco à New-York. J'en profitai pour visiter la cité des Mormons, Chicago, la chute du Niagara et Washington, et je vous assure que, quoique me trouvant alors parmi des peuples parlant ma langue maternelle, je me sentais pourtant beaucoup plus à l'étranger en l'Amérique que je ne le suis actuellement ici en Espagne, et pourquoi ? La raison en est que, les relations entre l'Espagne et l'Angleterre étant si amicales, et la littérature espagnole nous étant si familière en Angleterre, nous nous trouvons naturellement tout à fait chez nous à Madrid.

« Nous ne pouvons pas oublier que si, dans le passé, nos deux pays se sont fait quelquefois la guerre, nous avons aussi et souvent combattu côte à côte et repoussé ensemble les ennemis étrangers.

« D'ailleurs nos sympathies, nos aspirations sont communes, et nous colonisons le monde de concert, ayant tous deux prouvé notre habileté à fonder des empires et à faire prospérer les colonies éloignées.

« Mais c'est surtout dans la littérature que nous trouvons la véritable communauté entre les deux pays ; les ouvrages populaires de la littérature espagnole sont aussi répandus en Angleterre qu'en Espagne.

« L'Espagne est pour nous le pays romantique par excellence, le pays des traditions chevaleresques et semi-orientales. Son nom seul nous rappelle Don Quichotte de la Manche pleurant sa bienaimée Dulcinée de Toboso ; les paysans, au teint basané, marchant nu-pieds dans la poussière, à côté de leurs mules ou de leurs ânes ; le vendangeur déposant son fardeau de raisins sur le banc, et s'étirant au soleil ; le picaroon à la figure angélique, mais pourtant toujours railleuse et piquante, que Murillo seul a su rendre, goûtant ses melons sous l'ombre des palmiers ; le bruyant porteur d'eau ; le le prêtre, rasé et brun, avec son chapeau à larges bords ; le trouvère accordant sa guitare ; le robuste arrieros conduisant sa troupe de mules chargées ; l'élégant caballero éperonnant son cheval en passant devant la senorita avec sa mantille et son éventail. Voilà des tableaux familiers à l'esprit de tout Anglais qui lit. Don Quichotte nous est tout aussi bien connu que notre Robinson Crusoë ; Ferdinand et Isabelle, Guzman-le-Bon, Gonzalve de Cordoue, le Cid, et Alonzo d'Aquilar, sont aussi communs dans nos citations que les héros anglais.

» Nous avons tous fait connaissance avec Figaro, le barbier de Séville, à la gaîté si légère et pleine de bon goût. Nous savons aussi que lorsque Gil Blas arriva à Madrid, il demeura chez Mateo Melandez, à la Puerta del Sol.

« L'Alhambra et l'Escurial nous sont aussi connus que notre abbaye de Westminster et notre château de Windsor. Nous avons une reproduction des plus belles parties de l'Alhambra dans notre Palais de Cristal, à Londres, une reproduction très bien faite, qui est visitée et admirée par des millions de personnes chaque année.

« Mais, ainsi que je l'ai dit, c'est surtout dans la littérature que nous trouvons le plus de similitudes. Le génie de Lopez de Vega, de Calderon et de Cervantès a rendu la littérature espagnole fameuse partout où les hommes pensent et lisent, mais nulle part plus qu'en Angleterre. Les intrigues des drames de Lopez de Vega sont constamment reproduites dans nos pièces de théâtre, à Londres, mais sous des titres différents. Calderon a été appelé, et à bon droit, le Shakespeare espagnol, et il serait difficile de trouver dans toutes les littératures de l'Europe un nom mieux connu et plus estimé que celui de Cervantès.

« Les anciennes ballades d'Espagne sont en elles-mêmes une littérature historique, romantique et mauresque, et leurs traductions en anglais sont si fréquemment publiées qu'elles sont devenues familières dans tous nos foyers et dans toute famille cultivée.

« Notre Association se réunit donc à Madrid sous les plus heureux auspices. Nous nous trouvons ici dans une atmosphère sympathique, et, personnellement, je me considère heureux d'être appelé à l'honneur de représenter notre comité anglais dans une ville aussi célèbre que Madrid, dans un pays aussi illustre et vénérable que l'Espagne.

« Monsieur le Président, j'ai fini, et vous en serez sans doute bien aise, car je sais que je prononce très mal votre belle langue française, ce dont je vous demande bien pardon. »

M. Louis Cattreux, délégué de la Société des compositeurs et auteurs lyriques belges, salue les artistes et écrivains espagnols et se félicite de pouvoir leur exprimer la gratitude de ceux qui luttent dans tous les pays pour la reconnaissance de la propriété des œuvres de l'intelligence et du génie, car l'Espagne, la première en Europe, a réalisé dans ce domaine la législation la plus large et la plus généreuse.

M. Carl W. Batz s'exprime en ces termes :

« En ma qualité de représentant de nos confrères dans la littérature et dans les arts d'Allemagne dont on veut bien me confier les intérêts multiples de droit et de propriété depuis nombre d'années, j'ai l'honneur de saluer mes confrères de la péninsule ibérique. Séparés de nous par la distance, ils sont néanmoins si près de nos cœurs que nous ne pouvons faire un pas vers l'idéal sans rencontrer des vestiges de leur marche en avant, sans voir partout l'empreinte de la noblesse espagnole.

« A la littérature espagnole, salut ! »

M. Raoul Chelard, représentant de la presse de Buda-Pesth, a ensuite la parole :

« J'ai pour mission de saluer les littérateurs espagnols au nom des hommes de lettres hongrois, et je suis également chargé de vous dire qu'on n'a jamais oublié dans notre pays que c'est de l'Espagne que sont sorties, sur les ailes du génie de ses grands poètes, les idées qui ont réformé toutes les littératures et engendré les grands écrivains modernes, que c'est à l'Espagne seule que sont dues les grandes découvertes des nouveaux continents qui, en fournissant à l'Europe entière les moyens matériels, ont favorisé nos civilisations modernes. On ne l'a pas oublié et on ne l'oubliera jamais. Permettez-moi donc, Messieurs, de remercier, de tout notre cœur, ces hommes dont les ancêtres ont accumulé tant de titres à la reconnaissance de toutes les nations, de l'hospitalité généreuse qu'ils viennent nous offrir au sujet de notre Congrès. »

M. Lyon-Caen, avocat au barreau de Paris, dépose sur le bureau un arrêté, par lequel M. le ministre de la justice et garde des sceaux de France, le charge d'une mission comme délégué au Congrès.

M. Jules Lermina, secrétaire général, donne ensuite lecture

de son rapport sur les travaux de l'Association pendant le dernier exercice (a).

M. LE MINISTRE déclare ensuite le Congrès ouvert.

La séance est levée à 4 heures 1/2.

Séance du lundi 10 octobre 1888.

Présidence de M. LOUIS ULBACH.

La séance est ouverte à 2 heures dans la grande salle de l'Athénée.

M. LE PRÉSIDENT, se faisant l'interprète du Congrès, exprime les remerciements de l'Assemblée, pour l'accueil fait aux délégués venus des divers pays pour tenir à Madrid les nouvelles assises de la propriété littéraire et artistique.

M. EBELING, secrétaire, donne lecture du procès-verbal de la séance solennelle d'inauguration.

M. LERMINA, secrétaire général, communique à l'Assemblée les lettres et dépêches par lesquelles MM. de Lesseps, Wilbaux, Mario-Proth, Pagès, Ed. Coelho, s'excusent de ne pouvoir participer à la Xᵉ session du Congrès de l'Association.

Il donne également lecture d'une dépêche adressée au président de la Société des écrivains et artistes de Madrid, par M. Bonghi, président de l'Association de la presse de Rome, par laquelle il exprime tous ses regrets de ne pouvoir prendre, personnellement, part au Congrès.

D'une lettre des membres du Congrès d'hygiène siégeant à Vienne, par laquelle ils présentent leurs salutations aux membres de l'Association réunis à Madrid.

Puis d'une lettre de M. Bailly, président de la Société des artistes français, exprimant ses regrets d'être retenu à Paris, de ne pouvoir avoir le plaisir et l'honneur de faire partie du Congrès, et de ne pouvoir profiter de l'hospitalité espagnole.

D'un arrêté de l'Académie de législation et de jurisprudence de Salamanque, déléguant pour la représenter au Congrès, Don Manuel Sanchez Asensio et Don Eugenio Silvela.

Et d'un arrêté du directeur de l'Académie royale d'histoire, nommant comme délégués, pour la représenter au Congrès, Don Antonio Fabié, Don Francisco Fernandez Gonzalès et Don Francisco de Cardenas.

M. LE PRÉSIDENT fait connaître à l'Assemblée que M. Félice Carrotti, de Florence, s'excuse aussi de ne pouvoir participer aux travaux du Congrès, et exprime le regret que la tenue du Congrès n'ait pu se faire à Florence, conformément à la décision prise à Genève en 1886.

M. POUILLET, président et rapporteur de la Commission d'initiative, présente le rapport suivant sur la première question portée au programme des délibérations.

(a) Voir ce rapport au bulletin nº 8, deuxième série. Décembre 1887.

« Messieurs,

« Je n'ai pas à vous faire l'histoire de l'Association littéraire et artistique internationale. Notre secrétaire général, dans son exposé, vous a rappelé son but et ses travaux. Son but est d'établir entre tous les peuples civilisés un lien de solidarité au point de vue de la défense des droits de la propriété intellectuelle, et, pour établir ce lien de solidarité, elle aspire à conquérir dans tous les pays une législation uniforme pour les œuvres de l'esprit et du génie. Elle a obtenu ce beau résultat qui vous était signalé dans la dernière séance de créer entre un grand nombre de pays une convention d'union pour la protection du droit d'auteur.

« Cette convention est en grande partie son œuvre ; c'est elle qui l'a provoquée, et ce sont ses efforts, encouragés et soutenus par le gouvernement helvétique, qui en ont amené la conclusion.

« La convention n'est pas parfaite ; elle ne satisfait pas à tous les vœux que, dans la conférence préparatoire tenue à Berne en 1883, nous avions exprimés ; mais elle marque une étape dans la route difficile que nous parcourons, et à ce point de vue nous l'avons accueillie avec joie. Nous sommes, on vous l'a dit, des pionniers ; nous ouvrons le chemin ; nous n'espérons pas, nous, les travailleurs d'aujourd'hui, toucher le but définitif, mais nous montrons la voie à parcourir, et, si peu que nous ayons fait, ce sera notre honneur.

« C'est pour cela que nous ne nous reposons pas et que, chaque année, tantôt dans un pays hostile à nos idées, tantôt, comme aujourd'hui, dans un pays ami qui les partage, nous venons soit prêcher notre évangile comme des apôtres, soit fortifier nos convictions au contact de convictions semblables.

« La conférence officielle, réunie à Berne en 1884, avait, en dehors du projet même de la convention, formulé quelques vœux destinés à être pris en considération dans un avenir prochain. Au nombre de ces vœux figurait celui de voir tous les pays accorder au droit d'auteur une durée uniforme.

« Mais la conférence de 1885 n'a pas cru devoir maintenir ce vœu. Il lui a paru qu'il existait encore trop de divergences entre les diverses législations pour aspirer à l'uniformité sur ce point.

« Nous avons pensé qu'il était de notre devoir de reprendre ce vœu pour nous-mêmes et de nous l'approprier. Il nous a semblé que l'uniformité dans la durée du droit d'auteur était une des conquêtes à faire dans l'avenir le plus prochain. Nous avons pensé que la diversité même des législations en cette matière était une raison d'insister sur la nécessité de les rendre uniformes.

« N'est-il pas regrettable, en effet, de voir le même auteur, suivant qu'il publie son œuvre dans un pays ou dans un autre, protégé d'une manière si inégale ?

« Que de conflits d'ailleurs peuvent naître de cette situation respectée par la convention. Elle dit que la durée dans les pays de l'Union n'excédera pas celle prévue dans le pays d'origine de l'œuvre et que l'œuvre tombera partout en même temps dans le domaine public. Or, l'Italie, par exemple, a adopté le système connu sous le nom de domaine public payant. Quand l'œuvre, d'origine italienne, tombe en Italie dans ce domaine public payant, doit-elle être considérée dans les autres pays comme tombée dans le domaine public ordinaire ? Doit-elle être au contraire considérée comme y étant dans le domaine privé de l'auteur ou de ses héritiers ? Ces difficultés disparaîtraient de suite si la durée du droit était partout exactement la même.

« Votre commission de préparation vous propose d'émettre un vœu formel en ce sens.

« Ce vœu, pris dans la généralité, ne rencontre guère d'opposants ; comment en rencontrerait-il ? L'uniformité est incontestablement désirable. Mais de quelle façon se fera l'uniformité ? Ici les controverses naissent.

« Tout d'abord, je présente la question de savoir si l'uniformité ne doit pas se faire dans le sens de la perpétuité. Déclarez, ont dit quelques-uns de nos collègues dans la commission, que la propriété littéraire doit être perpétuelle, et vous conserverez l'uniformité dans la perpétuité.

« Il a paru à la majorité de la commission que le vœu de la perpétuité ne pouvait pas et ne devait pas être émis. D'abord, la majorité de votre commission, si elle avait eu à se prononcer sur le principe même de la perpétuité, l'aurait repoussé, non pas qu'elle nie la nature du droit d'auteur et qu'elle méconnaisse que la propriété littéraire soit une propriété, mais elle pense que c'est une propriété dont la perpétuité n'est pas le caractère essentiel.

« D'ailleurs, la minorité, tout en demandant que son vœu pour la perpétuité du droit d'auteur fût mentionné dans le rapport, a été comme la majorité, d'avis que ce n'était pas l'heure de rouvrir la discussion de cette grave question. Nous voulons faire une œuvre utile, pratique, qui puisse être prise en considération lorsque viendra dans quelques années, le moment de revoir la convention de Berne et de la réviser s'il y a lieu. Or, la perpétuité n'a été admise jusqu'ici que par une seule législation, celle du Mexique : tous les autres pays la repoussent ; songer seulement à en proposer l'adoption dans l'état actuel des législations, ce serait courir a un échec certain, et condamner notre œuvre à l'avortement.

Nous ne le devons pas ; avançons lentement, nous avancerons sûrement. Nous vous proposons donc, sans entrer dans une discussion qui serait inévitablement stérile, et tout en respectant les convictions de chacun, de déclarer qu'à raison de l'état actuel des législations, la durée du droit ne doit pas être perpétuelle.

La temporanéité admise, comment fixera-t-on la durée ?

Deux systèmes sont en présence : on peut prendre pour point de départ le jour de la naissance de l'œuvre ou plutôt le jour de sa publication, de sa production en public, et accorder, à partir de cette époque, à l'auteur et à ses héritiers un certain temps de protection, ou bien prendre pour base la vie même de l'auteur, et accorder à ses héritiers une certaine période de protection au delà de la mort.

Le premier de ces systèmes a été recommandé par le congrès artistique de 1878, qui s'est prononcé pour un délai de cent années à partir de la publication. Il a été admis par la loi italienne, qui donne à l'auteur et à ses héritiers 80 ans, à dater de la publication ou plutôt de l'enregistrement de l'ouvrage.

La majorité de votre commission ne s'y est pourtant pas ralliée. Simple, lorsqu'il s'agit d'œuvres qui s'impriment et s'éditent, ce système est à peu près impraticable pour les œuvres d'art, à moins d'obliger les artistes à un dépôt, à un enregistrement, en quelque sorte à une déclaration de naissance de leur œuvre. Or. les formalités de cette sorte répugnent à l'artiste et la tendance actuelle est de les supprimer. La loi belge, la plus récente sur la matière, dispense même les écrivains de tout dépôt.

La commission vous propose, eu conséquence, de prendre, pour base de la durée du droit, la vie de l'auteur, avec une période de protection après sa mort pour ses héritiers ou ayants cause.

Déterminer la longueur de cette période qui s'ouvre au profit des héritiers après la mort de l'auteur n'est cependant pas chose facile ; car il ne saurait y avoir de règle précise et l'arbitraire a, dans la fixation du délai, une certaine part. Si on consulte les législations, on voit de grandes divergences entre elles : le Chili fixe cinq ans, l'Angleterre sept ans, avec possibilité de prolongation jusqu'à vingt-huit ans ; le projet de loi qui est à l'étude en ce moment en Grande-Bretagne, propose vingt-cinq ans. Le Brésil a adopté le terme de dix ans ; le Vénézuela celui de quatorze ans ; l'Allemagne, l'Autriche et la Suisse, celui de trente ans ; la France, la Belgique, le Danemark, la Hongrie, la Norwège, la Suède, la Russie, le Portugal, accordent cinquante ans de protection aux héritiers ; l'Espagne, enfin, la plus libérale de toutes les nations, porte le délai de protection jusqu'à quatre-vingts ans, et, soucieuse avant tout de l'intérêt des héritiers directs, la loi espagnole dispose que si l'auteur a cédé son œuvre à un éditeur sans stipulation précise sur la durée de la cession, le droit d'auteur, après vingt-cinq ans écoulés, fait retour aux héritiers réservataires pour une période de cinquante-cinq ans.

« Nos collègues espagnols nous ont d'ailleurs expliqué que cette disposition, toute particulière, avait eu surtout pour but de rendre aux héritiers des auteurs morts au moment où la loi a paru, et dont les œuvres avaient été cédées par eux à des éditeurs, la propriété de ces ouvrages et de les faire profiter de la libéralité nouvelle.

« La commission a été unanime à proclamer que cette disposition ingénieuse, bonne pour réparer les injustices du passé, n'avait pas sa raison d'être dans une convention d'union entre les peuples.

« Le débat s'est ouvert uniquement sur les deux termes les plus longs que nous avons mentionnés plus haut, 50 et 80 ans. La majorité de la commission a adopté le terme de 80 ans comme étant le plus favorable aux auteurs ; la minorité s'en est tenue au terme de 50 ans, en faisant observer que le Congrès ne devait jamais perdre de vue qu'il travaillait en vue de l'unification des lois, que le délai de 80 ans n'était encore accepté que par l'Espagne, tandis que celui de 50 ans avait déjà pris sa place dans la loi de sept des pays d'Europe.

« Des membres de la minorité avaient proposé en quelque sorte un terme moyen : ils proposaient, en adoptant le délai de 50 ans, de dire que, si l'auteur était mort avant 60 ans, le délai serait augmenté d'autant d'années qu'il s'en manquerait pour que l'auteur eût atteint cet âge. Cette proposition avait pour but de corriger l'inégalité qui provient de l'incertitude de la vie humaine. La majorité l'a rejetée comme lui paraissant trop compliquée.

« Il restait alors un dernier point à examiner. Quelle serait la nature du droit passant, après l'auteur, à ses héritiers? Admettrait-on, comme en Italie, le système du domaine public payant? Le droit exclusif de l'auteur se transformerait-il en un simple droit de créance au profit des héritiers, de telle sorte que, l'auteur mort, le domaine public aurait le droit de reproduire l'œuvre sans autorisation, sauf seulement à acquitter entre les mains des ayants droits le payement d'une redevance?

« Il s'est formé, dans la commission, une minorité pour défendre le système du domaine public payant, système qui fut imaginé, par Hetzel, l'écrivain charmant et l'éditeur artiste et dont, en France, en 1878, Victor Hugo s'était fait l'ardent promoteur. La minorité a fait valoir qu'une œuvre utile à l'humanité, œuvre par exemple de controverse philosophique ou religieuse, pouvait, après la mort de l'auteur, passer entre les mains d'héritiers épris d'obscurantisme et qui s'attacheraient à faire disparaître l'ouvrage. La majorité a répondu qu'au lieu d'un ouvrage utile à l'humanité, il pouvait aussi bien s'agir d'un ouvrage licencieux, et elle a revendiqué pour l'héritier le droit exclusif d'autoriser ou d'interdire la publication d'une œuvre qui porterait atteinte à la considération de son nom; elle a pensé qu'en général au moins la famille était la meilleure et la plus sûre gardienne du patrimoine de l'honneur de ses ancêtres et que les lois n'étaient pas faites pour des cas nécessairement exceptionnels; elle a fait observer encore qu'il y avait une difficulté impraticable à déterminer les bases de la redevance à payer. Qui la fixerait? une sorte de jury d'expropriation, mais comment le formera-t-on? Faudra-t-il donc le réunir à chaque édition nouvelle, qui se produira, la redevance ne pouvant être équitablement la même s'il s'agit d'une publication de luxe ou d'une édition populaire et à bon marché? ou bien, imitant la loi italienne, dira-t-on, d'une façon absolue et générale, qu'il suffit à tout éditeur, voulant publier l'œuvre d'un auteur mort, de payer à ses héritiers une redevance de 5 0/0 du prix fait, redevance le plus souvent illusoire, qui ressemble à cette fameuse redevance d'un franc par hectare que le concessionnaire d'une mine paye ou est censé payer, en France, au propriétaire de la surface et qui n'est en réalité qu'un symbole, redevance tellement illusoire qu'elle consacre en définitive l'expropriation des héritiers de l'auteur au profit des éditeurs.

« Votre commission préparatoire vous propose donc d'adopter les résolutions suivantes :

« 1° La durée du droit d'auteur doit être uniforme pour tous les pays ;

« 2° A raison de l'état actuel des législations, cette durée ne peut pas être perpétuelle ;

« 3° Elle doit comprendre la vie de l'auteur et une certaine période après sa mort au profit des ayants cause ;

« 4° Le terme convenable est la vie de l'auteur et quatre-vingts ans au delà ;

« 5° Le droit de l'auteur, soit entre ses mains, soit aux mains de ses héritiers, reste un droit exclusif, sans participation du domaine public, même payant.

Les conclusions de ce rapport sont accueillies par les applaudissements de l'assemblée.

M. LERMINA combat les conclusions du rapport; il estime que la commission d'initiative aurait dû se borner à délibérer sur la question de l'uniformité du droit de propriété dans tous les pays. Il regrette que d'autres questions aient été soulevées à cette occasion, question complexe, délicate et difficile, donnant ouverture à la controverse et à la discussion. Il y a dans les différents pays de l'Europe des législations qui fixent la durée du droit de propriété à 5, 10, 25, 30, 50 et 80 ans, émettons le vœu que la durée de propriété soit réglée d'une manière uniforme pour tous les pays de l'Union internationale de Berne.

M. WITTGENS, ancien ministre de la justice en Hollande, fait connaître que la Hollande a porté une loi sur la matière en 1881 et qu'elle a admis la durée de la propriété littéraire pendant la vie de l'auteur et 50 ans après sa mort au profit de ses héritiers.

M. POUILLET fait remarquer que l'honorable préopinant se trompe dans son allégation; la loi hollandaise n'accorde la protection que pendant 50 ans après la publicaiion et nullement pendant la vie de l'auteur et 50 ans après sa mort, ce qui constitue une différence totale sur le premier système.

Répondant à M. Lermina, M. Pouillet s'étonne de l'objection produite.

La première conclusion de la Commission répond exactement à la question du programme, à savoir qu'il convient détablir l'uniformité entre tous les pays de l'Union internationale de Berne, quant à la durée de la propriété littéraire et artistique; mais la Commission d'initiative a complété sa délibération sur ce point en décidant qu'il était désirable que ce délai uniforme dans les différents pays fût porté à la vie de l'auteur, et 80 ans après sa mort au profit de ses héritiers, se ralliant ainsi à la législation espagnole qui est la plus libérale de l'Europe sur ce point.

Dans la minorité de la Commission, il avait été demandé que le principe de la perpétuité du droit fut au moins réservé, laissant ainsi le champ libre aux partisans de ce système et le § 2 des conclusions présentées au congrès reflète cette situation en décidant que « dans l'état actnel des législations cette durée ne peut être per- « petuelle », et elle ajoute « qu'elle doit comprendre la vie de l'au- « teur et une certaine période après sa mort, au profit de ses ayants « cause ».

Il faut, dit M. Pouillet, chercher à résoudre la difficulté pour qu'avec l'autorité du Congrès de Madrid, la solution s'impose quand viendra le moment de réviser la Convention de Berne, car nous sommes réunis aujourd'hui dans la capitale de l'Espagne pour marquer une étape nouvelle dans la défense de la propriété littéraire et artistique, la plus sacrée de toutes.

M. LERMINA répond qu'il est complètement d'accord avec M. Pouillet et la commission d'initiative sur le § 1er des conclusions, mais il persiste à croire qu'il n'aurait pas fallu s'écarter de l'unique question de l'uniformité du droit.

Le § 1er des conclusions du rapport est mis aux voix et adopté.

M. CLUNET demande si M. Lermina oppose la question préalable quant à la discussion des diverses conclusions de la 1re section.

M. LERMINA demande que la question préalable soit mise aux voix.

Cette proposition, mise aux voix, est rejetée.

En conséquence la discussion est ouverte sur la 2ᵉ partie des conclusions présentées par M. Pouillet, et rédigée comme suit : *A raison de l'état actuel des législations, cette durée ne peut être perpétuelle.*

M. Pouillet expose que, dans la commission d'initiative, tous les membres ayant été d'avis que la durée du droit devait être uniforme, des divergences se sont produites quant à la base de l'uniformisation.

Des partisans du principe de la perpétuité ont demandé que cette opinion fût indiquée et réservée, afin de ne pas détruire leurs espérances de le voir triompher dans l'avenir. La minorité de la Commission n'a pas demandé un vote sur ce point, mais simplement des réserves qui n'engageaient en aucune manière le principe.

La majorité de la Commission a cru devoir déférer à cette proposition et M. Pouillet propose de respecter, comme la majorité de la commission d'initiative, le désir exprimé par la minorité.

M. Ocampo craint qu'en votant la proposition en ces termes, que « dans l'état actuel des législations, la perpétuité ne peut être admise » cette décision ne soit interprétée dans un sens défavorable

M. Pouillet répond que les réserves sont formelles. Toutes les opinions sont sauves, et la conclusion n'est que le respect d'un désir exprimé par la minorité de la commission.

M. Oppert proclame qu'à son avis la perpétuité est une impossibilité.

M. L. Ratisbonne voudrait que la question de la perpétuité fût plus formellement réservée. Il craint qu'elle ne soit engagée dans les termes mêmes de la proposition soumise à l'assemblée. Il voudrait, comme M. Lermina, que l'assemblée s'en tînt au vœu d'uniformité sans s'occuper des questions de perpétuité ou de durée du droit.

M. Barry estime que la question étant soulevée, elle doit recevoir une solution, car elle se représentera, dans les *desiderata*, contenus dans les autres propositions de la commission d'initiative.

M. Clunet fait remarquer que la discussion qui s'engage est la reproduction des débats qui se sont produits à la Conférence de Berne, en 1884 et 1885.

Il faut réaliser un progrès pour l'époque où l'union de Berne pourra être révisée dans le sens d'une extension de la durée du droit. On y arrivera par des recherches patientes et désintéressées et en même temps on réserve la question de la perpétuité, question qui n'est pas mûre aujourd'hui. Nous cherchons quel est le délai qu'il convient de proposer actuellement pour arriver à l'uniformisation des législations et nous choisissons celui de la loi espagnole, soit la vie de l'auteur et, quatre-vingts ans après sa mort, au profit de ses ayants cause.

M. Vautrey propose la suppression pure et simple de l'article 2 des conclusions en discussion.

M. Lyon-Caen insiste pour que la disposition soit maintenue et soumise à l'assemblée.

M. Fabié, s'exprimant en langue espagnole, partage l'avis de M. Lermina.

M. Pelletier estime que le principe de l'uniformité de la durée
du droit ayant été voté, le Congrès doit envisager ce principe dans
toutes ses conséquences et voter courageusement les termes
mêmes de la durée et son point de départ. Il pense qu'il convient
de prendre comme point de départ de la durée du droit la date de
la publication d'une œuvre.

M. Pouillet expose les deux systèmes en présence : celui prenant pour base la date de la publication est le plus séduisant, car il
fait disparaître les inégalités qui se produisent notamment lorsque
l'auteur est mort jeune et n'a pu tirer tous les profits de son œuvre;
mais ce système présente des difficultés telles qu'elles abou-
tissent à une véritable impossibilité. Comment peut-on, en effet,
fixer la date de la publication d'une œuvre des arts plastiques? La
loi italienne a prescrit un dépôt, mais c'est là encore une formalité
qui présente dans l'application de sérieuses difficultés.

Et si la déclaration n'a pas été faite dans ces termes, à l'époque
fixée, il faudra organiser des pénalités, et celui qui par erreur,
oubli, n'aura pas fait sa déclaration dans les conditions prescrites
sera déchu de tout droit.

Ce système n'est pas réalisable : il faut en principe dispenser les
artistes de toute espèce de dépôt, de déclaration, ou d'enregistrement quelconque.

M. Lyon-Caen s'oppose à cette suppression. La question soumise
à l'assemblée n'est, en réalité, que l'expression de réserve exprimée
par la minorité de la Commission d'initiative.

M. Mack propose de réserver de la manière la plus formelle la
question de la perpétuité. Toutes les nations civilisées ont aujour-
d'hui reconnu la propriété littéraire et artistique et la plupart d'entre elles ont limité la durée de ce droit. Une seule législation, celle
du Mexique, a proclamé le principe de la perpétuité.

Dans ces conditions, M. Mack propose de voter sur cette question :
Le principe de la perpétuité du droit d'auteur est réservé.

M. Lermina se rallie à cette opinion. La discussion est close et la
proposition de suppression du deuxième paragraphe des conclusions
du rapport de M. Pouillet est mise aux voix et adoptée.

La discussion est ouverte sur la proposition ainsi conçue :

« *La durée du droit d'auteur doit comprendre la vie de l'auteur et
une certaine période après sa mort au profit de ses ayants cause.* »

M. Pouillet développe la proposition. L'assemblée doit choisir
entre les deux systèmes qui fixent le point de départ et la durée du
droit. Faut-il choisir comme la législation italienne le moment de
la publication, ou bien faut-il, avec toutes les autres législations
de l'Europe, prendre pour la durée du droit la vie de l'auteur et une
certaine période après sa mort?

M. Lermina estime qu'après le rejet du deuxième paragraphe des
conclusions, le troisième paragraphe qui n'en est que le développement doit aussi disparaître. Il persiste à croire que l'assemblée
doit s'en tenir aux grandes lignes indiquées pour les délibérations
du Congrès et ne pas entrer dans les détails qui sont proposés.

M. Lyon-Caen insiste pour que les propositions soient soumises
à l'assemblée.

Le Congrès consulté décide de continuer la discussion ; il est procédé au vote et la 3° proposition de la Commission est adoptée.

La 4° proposition ainsi conçue est soumise ensuite à l'assemblée:

4° *Le terme convenable est la vie de l'auteur et 80 ans au delà.*

Cette proposition est mise aux voix et adoptée.

La 5° proposition ainsi conçue est mise en discussion :

5° *Le droit de l'auteur, soit entre ses mains, soit aux mains de ses héritiers, constitue un droit exclusif sans participation du domaine public, même payant.*

M. CLUNET demande la suppression de cette proposition, qui soulève les questions les plus graves.

M. POUILLET objecte que la question doit être résolue pour arriver à l'uniformité de la durée du droit.

M. COLIN demande que l'assemblée se prononce sur la question.

M. LERMINA propose de placer la question en tête de l'ordre du jour de la séance de demain.

Cette proposition est adoptée ; la séance est levée à quatre heures trois quarts.

Séance du mardi 11 octobre 1887.

La séance est ouverte à 10 heures 1/4 du matin, dans la grande salle de l'Athénée, sous la présidence de M. LOUIS ULBACH.

M. L. CATTREUX, l'un des secrétaires, donne lecture du procès-verbal de la séance du 10 octobre.

M. BARRY demande une rectification au procès-verbal. Il fait observer que ce n'est pas sur la perpétuité du droit qu'il a pris la parole, mais sur la question préalable opposée par l'honorable M. Lermina aux dernières propositions de la Commission. Il a soutenu, à ce point de vue, que l'échec de ces propositions entraînerait nécessairement l'échec de la première, puisque le Congrès démontrerait par là l'impossibilité d'arriver à une législation unique sur la durée du droit de propriété.

M. LE PRÉSIDENT dit que la rectification sera faite au procès-verbal qui est approuvé.

Il donne ensuite connaissance aux membres du Congrès des heures des séances et du programme des fêtes.

M. EBELING donne communication des questions spéciales qui ont été déposées sur le bureau.

La première, par M. CALZADO, ainsi conçue :

« Le Congrès est d'avis qu'en présence des spoliations qui s'accomplissent dans les Républiques américaines au préjudice des droits des auteurs espagnols, l'action diplomatique soit requise, au nom de l'équité, pour y mettre un terme. »

La deuxième, par M. L. CATTREUX, ainsi conçue :

« Il y a lieu de maintenir les conventions conclues entre les différents pays pour la garantie réciproque des œuvres de littérature et d'art, en attendant que l'union universelle de Berne puisse être om plétée dans le sens de l'extension du droit d'auteur. »

La troisième par M. Eugenio Duque, ainsi conçue :

« 1° L'auteur de toute œuvre artistique et littéraire doit être seul à avoir tous les droits que lui reconnaît le Congrès, à l'exception des auteurs d'opéras et d'œuvres illustrées.

« 2° Tout artiste possesseur de distinctions obtenues en concours publics nationaux ou internationaux, peut fonder une école dans tous les pays, dans toutes les villes représentées au Congrès sans qu'il lui soit besoin d'une autorisation, à la seule condition qu'il avise 48 heures à l'avance les pouvoirs publics locaux : ceux-ci s'informeront auprès d'un jury permanent, qui leur confirmera les bons antécédents artistiques du nouveau maître.

« 3° Tout artiste peut concourir librement pour toutes les œuvres d'art publiques, *nationales* et *internationales*.

« 4° Tout artiste, tout littérateur doit réclamer la propriété de ses œuvres à dater de l'année 1877, et pourra réclamer également les 20 0/0 sur le prix auquel en ont été vendues les reproductions ou éditions ; un jury d'artistes ou de littérateurs pourra du reste déterminer les transactions qu'il croira équitables, détermination qu'il devrait faire dans les 48 heures. »

La quatrième par M. Juste de Gandarias, ainsi conçue :

« 1° Tout artiste pourra être librement admis dans tous les concours, sans qu'il puisse être réclamée l'assistance de toute autre personne.

« 2° Dans les concours publics concernant les beaux-arts, le droit de décerner les prix qualifiant les travaux présentés, est exclusivement réservé aux artistes concurrents qui nommeront leur jury de classification.

« 3° Les récompenses internationales doivent être considérées *ad valorem* dans le pays respectif de chaque titulaire.

« 4° Les médailles obtenues aux expositions nationales, ou même internationales, servent également de titre professionnel aux sculpteurs ou peintres,

« 5° L'ornementation concernant la sculpture, lorsqu'elle affecte le décor public, ne doit être exécutée que par des artistes d'une compétence reconnue.

« 6° Il sera créé un tribunal libre et permanent d'artistes.

La cinquième par M. le docteur Tolosa Latour, ainsi conçue :

« Les œuvres signées d'un pseudonyme doivent être protégées de la même façon que si elles étaient signées du nom même de l'auteur. »

La sixième, de M. Muzet, est relative à la propriété artistique au point de vue de la reproduction industrielle des œuvres d'art.

Ces diverses propositions sont renvoyées à la commission d'études.

M. Pouillet a la parole sur la quatrième proposition de son rapport :

« Le droit de l'auteur, soit entre ses mains, soit aux mains de ses « héritiers, reste un droit exclusif, sans participation du domaine « public, même payant. »

Il fait observer qu'à l'occasion de la discussion de la dernière résolution relative à la durée de la propriété littéraire, il avait dit dans son rapport qu'une seule nation, le Mexique, avait accepté la perpétuité, il demande à faire à ce sujet une rectification et à mentionner que l'Espagne aussi avait adopté le principe.

M. CLUNET fait observer que si l'on entre dans la voie des rectifications, il serait bon de mentionner que la France a également reconnu le principe par une ordonnance royale de 1777, rendue en faveur des auteurs.

M. POUILLET réplique que cette ordonnance n'était qu'une ordonnance de privilège et de bon plaisir, et que c'est pour ce motif qu'il ne l'a pas citée.

M. CLUNET fait observer qu'à cette époque, il n'y avait que le pouvoir souverain.

M. POUILLET n'accepte qu'une législation régulière, et laisse le règne des privilèges de côté.

Le Congrès, dit-il, a voté que le droit de l'auteur devait s'exercer pendant sa vie, et un certain laps de temps après sa mort, 80 ans.

Il est d'avis que le droit de l'héritier est un droit absolu de propriété et qu'il est identique à celui de l'auteur ; et il repousse la législation de l'Italie qui permet d'acheter les droits de l'héritier moyennant un droit de 5 0/0. Adopter ce système serait se rétracter; il faut exclure toute participation du domaine public; c'est du reste l'avis de la grande majorité de la commission.

La proposition mise aux voix est adoptée.

M. CLUNET, rapporteur de la deuxième commission, s'excuse de n'avoir pu écrire son rapport sur le droit de traduction, la discussion n'ayant été terminée au sein de la commission, qu'au moment de l'ouverture de la séance.

Le droit de traduction, dit-il, est une question sur laquelle tout le monde est d'accord ; il ne s'agit donc pas de la combattre mais de la réglementer.

Cinq propositions ont été élaborées par la commission, la première est ainsi rédigée :

« La traduction n'est qu'un mode de reproduction, et dès lors le droit de traduire doit être purement et simplement assimilé au droit de reproduction. »

M. CLUNET dit que la même analogie existe entre une œuvre artistique et une œuvre littéraire et que les mêmes règles peuvent s'appliquer à toutes deux, l'auteur qui a le droit d'autoriser la reproduction d'une œuvre d'art a le droit de faire faire et d'autoriser la traduction d'une œuvre littéraire. C'est un principe consacré par de nombreux Congrès et que la convention de 1886 avait adopté.

Mise aux voix, la proposition est adoptée à l'unanimité.

M. CLUNET donne lecture de la seconde proposition :

« En conséquence il n'y a pas lieu d'obliger l'auteur à indiquer par une mention quelconque sur l'œuvre originale qu'il se réserve le droit de la traduire. »

Le rapporteur fait observer que d'après plusieurs législations certaines mentions sont nécessaires pour que les droits soient réservés à l'auteur, mais que le Congrès, dont le rôle ne consiste pas à faire des lois, mais à émettre des vœux, qu'il faut l'espérer seront réalisés dans un temps prochain, doit demander à ce qu'aucune mention de réserve ne soit nécessaire, et qu'il n'y ait aucune formalité à remplir pour indiquer que l'on n'a cédé aucun droit.

M. CARL BATZ pense qu'il serait bon d'engager les éditeurs à mentionner d'une façon quelconque, qu'un livre est traduit en telle ou telle langue, ce qui a une très grande importance surtout pour les livres de sciences. Il est très difficile d'être renseigné exactement, il serait avantageux que les éditeurs fassent connaître les traductions déjà publiées ou prêtes à paraître.

M. CLUNET trouve que la proposition de M. Carl Batz offre un grand intérêt et serait pratique, mais il ne pense pas qu'elle puisse trouver place parmi les questions que traite le Congrès.

M. HETZEL demande que le texte de la Commission soit ainsi modifié :

« En conséquence, il n'y a pas lieu d'obliger l'auteur ou ses ayants cause à indiquer par une mention quelconque sur l'œuvre originale qu'il se réserve le droit de la traduire. »

M. POUILLET, président de la Commission, dit que cette dernière adopte la rectification.

L'article ainsi amendé est mis aux voix et adopté.

M. LE RAPPORTEUR donne lecture de la troisième proposition :

« Il n'y a pas lieu davantage à impartir à l'auteur ou à ses ayants cause un délai, quel qu'il soit, pour faire la traduction. »

M. CLUNET déclare que la proposition a été adoptée par la presque unanimité de la Commission bien que la proposition soit contraire à la règle admise par la plupart des législations qui fixe un délai d'un certain nombre d'années pour faire faire la traduction d'une œuvre, tandis que la Commission va plus loin et demande à ce qu'il n'y ait aucun délai fixe pour faire procéder à la traduction.

M. CLUNET dit, pour sa part, qu'il ne partage pas l'avis de la majorité de la Commission, il consent à ce que l'on réserve à l'auteur le délai aussi long que l'on voudra pour faire traduire son œuvre, 10, 15, 20 ans, mais que le délai passé, le droit de traduction ne soit plus réservé. On a peu de succès, ajoute-t-il, quand on ne défend pas les idées les plus libérales, mais il est sage de s'arrêter à des idées pratiques et de renoncer à ce qu'il est matériellement impossible d'obtenir ; pour sa part il demande que le droit de traduction soit réservé à l'auteur pendant 10 ans, rappelant au surplus qu'un vœu a été émis dans ce sens par le Congrès de Londres, de 1879 sur la proposition de M. Jules Lermina.

M. POUILLET maintient les conclusions de la Commission.

M. DANVILA, en espagnol, combat l'opinion de M. Clunet, il regarde la question comme des plus claires et pour lui il n'y a aucun doute à ce que l'auteur soit le maître de faire faire la reproduction ou la traduction de son œuvre sans qu'aucun terme puisse lui être imposé, il considère son droit comme illimité.

M. DALCARET s'exprime en espagnol ; il dit qu'il est de l'avis de M. Clunet, et bien qu'il se trouve en opposition avec la législation espagnole, il ne peut partager l'opinion de la Commission qui est en désaccord avec les grands principes qu'il professe. Il ne faut pas assimiler les œuvres de l'esprit et du talent aux biens matériels, et c'est faire acte de mercantilisme littéraire que de priver les autres du bien intellectuel, car pour sa part il ne connaît pas de propriété perpétuelle.

M. LE PRÉSIDENT demande à ce que l'on reste sur le terrain de la discussion ; il craint de voir les orateurs s'égarer, et fait observer que la question de l'expropriation n'est pas en discussion.

M. Clunet demande l'ordre du jour pur et simple, c'est une question de principe qu'il veut poser, et dit que l'adoption de l'ordre du jour entraînerait la suppression de l'article.

Au nom de la Commission, M. Pouillet demande à ce que l'article 3 soit mis aux voix.

Mis aux voix, cet article est adopté.

M. le Rapporteur donne lecture de l'article 4.

« Il y a lieu d'exprimer le vœu que les articles 5 et 6 de la Convention de Berne soient modifiés en ce sens, que si une traduction est faite ou autorisée par l'auteur ou ses ayants cause, dans le délai de 10 ans, à partir de la publication de l'œuvre, nul ne peut, ce délai passé, publier une traduction, dans la même langue, sans l'autorisation de l'auteur ou ses ayants cause. »

M. Clunet fait observer que la conférence de Berne, dans l'impossibilité où elle s'est vue de tomber d'accord pour reconnaître aux auteurs un droit exclusif de traduction sur leurs ouvrages, pendant toute la durée de la propriété originale, a été obligée de limiter ce temps à 10 ans. Il est à espérer, que lors de la révision de la conférence de Berne, dans 9 ou 10 ans, l'auteur ne soit pas protégé seulement pendant 10 ans, mais pendant le même laps de temps que dure la protection de l'œuvre originale.

L'article 4 est mis aux voix et adopté.

M. Clunet, rapporteur, donne lecture de la 5ᵉ proposition.

« Le traducteur a, sur sa traduction, sous la réserve du droit de l'auteur de l'œuvre originale, un droit exclusif de reproduction. »

M. Clunet fait observer que cette proposition n'a rien de nouveau, qu'elle se trouve dans la conférence de Berne, mais qu'il ne faut pas perdre l'occasion de la formuler à nouveau.

Mise aux voix, la proposition est adoptée.

M. Lyon-Caen, rapporteur de la 3ᵉ commission, dit que la Commission n'a pas encore terminé son travail sur le droit de citation et le droit de critique ; et qu'en conséquence, il ne pourra soumettre au Congrès qu'une partie des propositions qui seront formulées.

Il rappelle que l'on a proclamé pour l'auteur et pour ses héritiers le droit exclusif de reproduction, toutefois ce droit donne lieu à quelques exceptions, et il y a des circonstances où la reproduction peut être faite dans certaines limites sans rémunération.

En effet, tout œuvre d'art est soumise au jugement du public et de la critique ; la première proposition proclame ce principe que — toute œuvre publiée est du domaine de la critique, et que le droit de critique implique le droit de citation.

M. le Rapporteur dit que la Commission est d'avis que, dans un but de critique, toute œuvre peut être citée sans rémunération payée à l'auteur, pourvu que la citation soit limitée, que la critique ne soit pas faite de façon à remplacer l'œuvre originale et ne fasse pas concurrence à l'auteur, ce qui constituerait un acte de spoliation, et il soumet au Congrès la proposition suivante :

« Toute œuvre publiée relève de la critique ;

« Le droit de critique implique le droit de citation. »

Cette proposition est mise aux voix et adoptée.

La suite de la discussion est renvoyée à la première séance, et la séance est levée à midi et demi.

Séance du mercredi matin 12 octobre 1887.

—

La séance est ouverte à 10 heures du matin, dans la salle de l'Athénée, sous la présidence de M. Louis Ulbach.

M. Ebeling donne lecture du procès-verbal de la précédente séance.

Le procès-verbal est adopté.

M. le président donne des détails sur l'excursion à l'Escurial qui aura lieu le jeudi 13, et avertit les congressistes que la séance du vendredi aura lieu à 9 heures du matin.

Il donne communication d'un télégramme de M. Ansur, directeur de la revue le *Monde légal* de Lisbonne, regrettant de ne pouvoir prendre une part active au Congrès, à la réussite duquel il s'associe, ainsi qu'à la manifestation en l'honneur de Cervantès.

L'ordre du jour comporte la continuation de la discussion sur le droit de critique, dont la première proposition a été votée dans la séance précédente.

M. Lyon-Caen, rapporteur, au nom de la 3e section de la Commission du Congrès, donne lecture de son rapport :

« Messieurs,

» La 3e section de votre Commission s'est occupée de la réglementation du droit de critique et de citation.

I. Dire que toute œuvre de littérature publiée relève de la critique, ce que formule la première partie de notre première proposition, c'est exprimer une idée fondamentale et reconnue. L'écrivain et l'artiste qui publient leur œuvre la soumettent volontairement à l'appréciation de tous ; ils la provoquent même pour en tirer profit, car les critiques à leur tour publiées sur leurs créations les font connaître, les répandent et contribuent dans une large mesure à en faciliter le placement.

« Or, la critique serait impossible, si le droit de citation n'était accordé à celui qui rend compte d'une production de littérature ou d'art.

« Ne faut-il pas, en effet, pour justifier le jugement porté par lui, que le critique soumette le document même qu'il loue ou qu'il blâme au jugement de ses lecteurs ?

« C'est pourquoi nous vous avons proposé de décider que le droit de critique impliquant le droit de citation, l'auteur en ce cas n'aurait point à être consulté et que les citations de son œuvre ne seraient soumises à aucune rémunération à son profit.

« Il va sans dire que nul ne peut, sans autorisation de l'artiste ou de l'écrivain, reproduire son œuvre sous prétexte de citation et de critique de telle façon qu'il puisse en résulter un préjudice pour l'exploitation de son droit exclusif. Ainsi, si l'œuvre entière venait à être publiée sans commentaires et s'il en résultait qu'au lieu d'acheter le livre, on pût se contenter de se procurer cette reproduction, il y aurait là un abus, une atteinte portée au droit de l'auteur pouvant constituer une contrefaçon.

« Dans quel cas y aura-t-il simple citation dans un but de critique et dans quel cas reproduction soumise à autorisation? C'est ce que nous n'avons pas à résoudre. Les tribunaux auront à apprécier ce point, parfois délicat, suivant les circonstances.

« Nous vous avons demandé, en conséquence, de voter notre première proposition portant que le droit de critique implique le droit de citation, ce que vous avez fait dans la séance d'hier.

« II. — Il en est de même aux termes de notre deuxième proposition pour ce qui concerne les citations faites dans un livre d'enseignement. Cette question, cependant, est plus délicate. A la Conférence de Berne, les représentants de l'Allemagne ont vivement combattu notre opinion, et la convention survenue ensuite a passé sous silence cette difficulté, sur laquelle une entente n'avait pu s'établir.

« Qu'entend-on par livres d'enseignement, et quelles sont les citations qui y sont permises sans consentement de l'auteur? Tolérera-t-on seulement de courts extraits? Proscrira-t-on la publication sous forme de dictées ou d'exercices de morceaux entiers, de scènes complètes tirés d'un auteur? Ne faut-il pas dire que dans ces dernières hypothèses le droit de citation est dépassé et qu'il y a atteinte portée aux droits de l'auteur, bien fondé à se plaindre du préjudice qui lui serait causé? Autant de solutions sur lesquelles il serait difficile de se prononcer à priori et qui varieront suivant les espèces. Nous n'avons pas voulu entrer dans ces détails à raison de la variation des décisions à adopter suivant les faits et les circonstances, et nous nous contentons de poser en principe que la citation faite dans un but d'enseignement est licite.

« III. — Mais, en dehors des deux exceptions que nous avons admises et justifiées, nous estimons qu'aucune citation ne peut être faite d'une œuvre sans autorisation de l'auteur. Et vous indiquerait-on la source de cette citation, le titre de l'œuvre, le nom de l'auteur ou de l'écrivain qui l'a créée, en l'absence de toute autorisation, la violation des droits de ces derniers est flagrante et pourra être réprimée.

« IV. — En vain encore le reproducteur coupable chercherait-il à échapper à la responsabilité de son acte en soutenant qu'il n'a causé aucun préjudice matériel à l'auteur. C'est l'absence d'autorisation qui constitue d'une part le fait répréhensible et qui a pour sanction une action soit civile, soit pénale de la part de la partie lésée. D'autre part, le préjudice peut n'être que moral, mais il existe et suffit pour que les tribunaux soient saisis d'une action par l'auteur ou l'artiste voulant faire protéger leur monopole contre les entreprises des tiers.

« La reproduction dans une chrestomathie d'un ouvrage littéraire ou artistique est soumise à l'autorisation de l'intéressé. Pourrait-on, en effet, admettre que dans ces recueils si nombreux aujourd'hui et destinés à la lecture, soit à des exercices de mémoire, tels que les anthologies, il devrait être admis que l'insertion de poèmes entiers, de morceaux de longue haleine, peut avoir lieu sans permission des auteurs? Rien ne serait alors plus facile que de tourner la loi et de commettre une audacieuse contrefaçon assurée cependant de l'impunité.

« C'est ce que dit clairement notre quatrième proposition qui, sans doute, ne sera pas plus énergiquement combattue en séance publique qu'elle ne l'a été dans les discussions de votre commission.

« V. — La reproduction d'une œuvre littéraire n'est pas toujours nécessairement écrite. Elle peut avoir lieu sous forme, soit de représentation, soit de lecture publique. Nous vous proposons de décider que la lecture publique est soumise à la nécessité d'une autorisation tout comme la reproduction par voie d'édition ou de copie.

« Des débats vifs et passionnés se sont produits sur la proposition que nous vous soumettons. En France, on discute encore à l'heure actuelle, sur le point de savoir si la lecture publique est assimilable à une représentation théâtrale, hypothèse dans laquelle elle devrait être subordonnée à l'autorisation de l'auteur d'après les lois existantes.

« La question est digne d'intérêt. La lecture publique a pris en effet sur le territoire français un grand développement sous l'inspiration de M. Legouvé. Elle est de mode. Des acteurs connus lisent dans de prétendues conférences des monologues ou des poèmes entiers. Une ancienne artiste dramatique Mᵐᵉ Ernst, donne des séances de lecture. On paie à l'entrée sa place, tout comme au théâtre. Elle a été poursuivie pour s'être dispensée de demander l'autorisation, nécessaire suivant nous ; mais le tribunal saisi ne s'est prononcé que sur une fin de non recevoir sans entamer le fond du débat.

« Nous croyons qu'on ne saurait admettre un instant que toute personne puisse ainsi, devant un nombreux auditoire, lire un ouvrage sans y être autorisé, parce qu'il en pourrait d'abord résulter un préjudice réel pour l'auteur. L'interprète peut être mauvais et ridiculiser l'œuvre, la discréditer à son gré. Puis les auditeurs qui auraient pu acheter l'œuvre elle-même pourraient se contenter de l'audition qui leur en aura été donnée. Ce sera le lecteur qui recevra la rémunération légitime de l'écrivain, et nous avons toujours exprimé dans nos Congrès l'opinion que le droit de l'auteur consiste en un monopole exclusif dont il doit percevoir les profits quelque forme que l'exploitation prenne.

« VI. — Les diverses branches de l'art et de la littérature présentent entre elles des analogies nombreuses, mais des différences de nature nécessitant cependant des réglementations spéciales.

« Ainsi il arrive journellement que dans certains ouvrages dramatiques on reproduise un morceau de musique non tombé dans le domaine public et appartenant à un auteur ou ses ayants-causes. Dans les vaudevilles, dans les opéras bouffes, par exemple, on a coutume d'introduire des airs appartenant soit à des opéras, soit à des opéras-comiques. Que de fois on rencontre dans les œuvres de Scribe des motifs de la *Dame Blanche* ! Dans une pièce dont le succès à Paris a été retentissant ; *Joséphine vendue par ses sœurs*. n'a-t-on pas greffé des paroles nouvelles et bouffonnes sur des motifs graves d'opéras modernes. C'est souvent par le contraste même des paroles de la partition primitive avec l'œuvre nouvelle que sont obtenus les effets les plus imprévus et les plus drôles. On a cité dans nos séances les pots pourris ou motifs divers tirés d'opéras variés, ayant des auteurs différents qu'on arrange et qu'on soude. Tous ces arrangements, et introductions partielles dans une œuvre étrangère et nouvelle constituent une sorte de citation musicale, et nous avons pensé qu'elle ne pouvait avoir lieu tout comme les citations littéraires faites dans les livres, sans le consentement préalable du compositeur. Autrement il y aurait une atteinte portée au droit de ce dernier et qui constituerait une contrefaçon véritable.

« VII. — Nous avons admis que lorsqu'il s'agit d'ouvrages de peinture, de dessin, de sculpture aucune reproduction ne pouvait avoir lieu par la gravure ou par tout autre procédé même dans les livres d'enseignement ou par voie de critique. Le motif de cette proposition et de l'exception apportée ici à la liberté de citation par la critique est facile à comprendre. Il s'agit d'une véritable reproduction et non d'une citation simple avec commentaire personnel à laquelle la nature même de l'art résiste.

« Mais l'autorisation de l'auteur doit cesser d'être nécessaire à l'auteur d'une caricature de tableaux, comme celles qui chaque année se produisent lors des expositions de peinture et de sculpture. C'est là une véritable critique graphique et non une reproduction et aucune concurrence nuisible aux droits de l'auteur n'en saurait résulter.

« VIII. — La parodie en matière théâtrale littéraire ou musicale qui tient à la fois de la caricature et de la critique, est pour les mêmes motifs soumise aux termes de notre huitième et dernière proposition.

« En conséquence, Messieurs, nous vous proposons d'adopter les vœux suivants :

« 1º Toute œuvre publiée relève de la critique ; le droit de critique implique le droit de citation ;

« 2º Il en est de même de l'enseignement ; toute citation, faite dans un but d'enseignement est licite ;

« 3º Dans tout autre cas, la citation, même avec l'indication du nom de l'auteur, constitue une violation de son droit s'il ne l'a pas autorisée ;

« 4º Le fait que la citation ne causerait aucun préjudice matériel à l'auteur n'empêche pas qu'il y ait atteinte à son droit. Spécialement il n'appartient qu'à l'auteur ou à ses ayants cause d'autoriser la citation d'une de ses œuvres dans une chrestomathie.

« 5º La lecture en public d'une œuvre littéraire alors qu'elle n'est pas faite dans un but de critique ou d'enseignement est subordonnée à l'autorisation de l'auteur, et à défaut de cette autorisation, constitue une atteinte à son droit exclusif ;

« 6º L'introduction dans une pièce de théâtre d'airs non tombés dans le domaine public doit être autorisée par le compositeur, sous peine de constituer une contrefaçon.

« 7º Il n'est permis dans aucun cas, même dans un but de critique ou d'enseignement, de reproduire par la gravure ou tout autre moyen analogue, les œuvres des peintres, dessinateurs et statuaires ;

« 8° La parodie et la caricature sont assimilées à la critique. »
Le Congrès passe à la discussion de l'article 2.

M. LYON-CAEN donne lecture de cet article ainsi conçu :

« Il en est de même de l'enseignement, toute citation faite dans un but d'enseignement est licite. »

Cet article est adopté sans discussion.

L'article 3 est ensuite mis en discussion, il en est donné lecture.

« Dans tout autre cas, la citation, même avec l'indication du nom de l'auteur, constitue une violation de son droit s'il ne l'a pas autorisée. »

M. POUILLET explique le sens de l'article.

M. LERMINA en trouve le sens étroit, et pouvant donner lieu à de grandes difficultés d'interprétation ; il se demande si faisant une œuvre historique il est utile de citer cinquante lignes d'un ouvrage, il sera nécessaire de demander l'autorisation de l'auteur. C'est une question difficile à résoudre. S'il s'agissait d'un roman, le doute n'existerait pas et l'autorisation devrait être demandée.

M. POUILLET réplique que c'est une question de mesure, que le principe général doit être reconnu et que dans les cas particuliers les tribunaux apprécieront.

M. JULES OPPERT réplique que le droit de citation n'est pas seulement littéraire, car il y a des livres scientifiques, des théorèmes que l'on doit pouvoir citer sans autorisation; on va trop loin, et l'on nuit même à l'intérêt de la science.

M. CASTRO dit que sous le prétexte de citation et de critique, on pourrait faire une adaptation.

Après une réplique de M. POUILLET, disant que l'emprunt d'un théorème rentre dans le droit de critique et d'enseignement ainsi que les emprunts nécessaires sans qu'il leur soit assigné une limite, l'article est adopté.

La discussion continue sur l'article 4, ainsi conçu :

« Le fait que la citation ne causerait aucun préjudice matériel à l'auteur, n'empêche pas qu'il y ait atteinte à son droit. Spécialement il n'appartient qu'à l'auteur où à ses ayants cause d'autoriser la citation d'une de ses œuvres dans une chrestomathie. »

M. PELLETIER combat l'article qui donne le droit de poursuivre et de faire condamner alors même qu'il n'y aurait pas préjudice.

M. LYON-CAEN dit que ce droit est identique à celui du propriétaire d'une maison. Une personne veut entrer, elle ne cause aucun préjudice au propriétaire, qui a néanmoins le droit de l'empêcher d'entrer.

M. POUILLET réfute M. Pelletier et dit qu'un auteur a un droit exclusif sur son œuvre, que le droit d'auteur est un monopole et qu'il n'est pas nécessaire qu'il existe un préjudice, soit moral, soit matériel. Dès qu'il est porté atteinte à la propriété on a le droit de se plaindre.

M. PELLETIER partagerait l'avis de M. Pouillet dans le cas où l'auteur voudrait tenir son œuvre secrète. Mais quand elle a été rendue publique et qu'elle a été critiquée, on ne peut empêcher une citation qui n'occasionne aucun préjudice matériel.

M. Jules Oppert demande la suppression de l'article comme inutile et dangereux.

M. Clunet estime qu'au lieu de défendre les écrivains on va contre leurs intérêts, et que comparer la propriété de l'esprit à la propriété matérielle c'est l'avilir.

Si la propriété de l'esprit constitue un monopole, pourquoi l'auteur n'aurait-il pas le droit d'empêcher la citation, même dans un but de critique et d'enseignement.

M. Lyon-Caen dit que malgré ce qu'il y a de séduisant dans les observations de M. Clunet, la majorité de la Commission ne saurait être ébranlée dans sa conviction.

M. Nunez de Arce pense que dans l'intérêt même des auteurs il ne faut pas exagérer leurs droits, et qu'il faut prendre aussi en considération l'intérêt social, ce qui pour sa part l'empêche de donner son approbation à l'article.

M. Pouillet maintient son opinion, il ne poursuit pas les personnes qui citent ses ouvrages, mais il n'en faut pas moins défendre les auteurs, le pillage est une atteinte à la propriété.

M. Ocampo demande la clôture de la discussion et la suppression de l'article.

M. Lyon-Caen, au nom de la commission, est pour le maintien de l'article dont on demande la division.

La première partie de l'article :

« Le fait que la citation ne causerait aucun préjudice matériel à l'auteur n'empêche pas qu'il y ait atteinte à son droit » est mise aux voix et repoussée par 24 voix contre 7.

Il est procédé au vote sur la seconde partie de l'article qui est adoptée.

Le Congrès passe ensuite à la discussion de l'article 5 :

« La lecture en public d'une œuvre littéraire, alors qu'elle n'est pas faite dans un but de critique ou d'enseignement, est subordonnée à l'autorisation de l'auteur, et à défaut de cette autorisation, constitue une atteinte à son droit exclusif. »

M. Pelletier dit que le vote qui vient d'être émis implique la solution qui doit être donnée à l'article 5, que pour son compte il repousse comme manquant de clarté, car il est bien difficile de pouvoir déterminer quand une lecture a un but d'enseignement.

M. Lyon-Caen réplique que lorsque la lecture est accompagnée de réflexions, il n'y a pas de doute à avoir, et, dans ce cas, elle est faite dans un but d'enseignement; s'il y a contestation, les tribunaux devront décider; la lecture, alors même qu'elle est faite gratuitement, peut être préjudiciable à l'auteur puisqu'elle empêche d'acheter le volume.

M. Clunet demande la liberté de lecture dans des réunions gratuites, et il cite la fête littéraire offerte aux congressistes dans la salle de l'Athénée, où l'on a lu des poésies de Zorilla, Nùnez de Arce et Campoamor, sans avoir demandé d'autorisation.

M. Octave Maus dit que lorsqu'une poésie est lue avec l'accent voulu et que la perfection de la diction ne laisse rien à désirer, cette lecture peut être favorable à l'auteur; mais il n'en est pas toujours ainsi; il faut compter avec l'imprévu et songer qu'une mauvaise interprétation peut nuire à l'œuvre; il demande à ce que l'autorisation soit nécessaire, que la lecture soit payante ou non.

M. Ocampo fait observer qu'aucune œuvre musicale ne peut être exécutée sans autorisation dans un concert ; il doit en être de même pour l'œuvre qui ne comporte que des paroles.

M. Clunet dépose l'amendement suivant :

« La lecture publique *gratuite* d'une œuvre littéraire est licite, sans permission de l'auteur. »

Signé : Clunet, Marino, Danvila.

M. Pouillet fait observer que la lecture est une véritable représentation, et que plusieurs personnes vivent de lecture ; il est d'accord avec M. Clunet lorsqu'il reconnaît qu'il faut la proscrire si elle rapporte, mais lui et la majorité de la Commission vont plus loin, il n'est pas permis de mal interpréter une œuvre et ils ne peuvent admettre l'amendement.

M. Jules Lermina serait flatté pour sa part de voir ses œuvres lues, même dans un village.

M. Jules Oppert. — Que deviendra alors la renommée, sera-t-elle réservée seulement aux académiciens ?

M. Nombela se range de l'avis de M. Pouillet, et est pour l'autorisation.

M. Gonzalès Caleja estime que les idées doivent être répandues par tous les moyens possibles et il votera l'amendement.

M. Pouillet fait observer que ce que demande la Commission est conforme à la loi espagnole.

M. Mack dépose l'amendement suivant :

« La lecture en public, du moins lorsqu'il en est tiré bénéfice au profit d'autrui, et qu'elle n'a pas lieu dans un but de critique ou d'enseignement est subordonnée à l'autorisation de l'auteur ou de ses ayants cause. »

La discussion est close.

L'amendement de M. Clunet mis aux voix est repoussé.

Il est ensuite procédé au vote sur l'amendement de M. Mack qui est adopté.

La séance est levée à midi et demi.

Séance du mercredi soir 12 octobre 1887.

La séance est ouverte dans la grande salle de l'Athénée à deux heures et demie, sous la présidence de M. Louis Ulbach.

M. Ebeling, donne lecture du procès-verbal de la séance de la matinée.

Le procès-verbal est adopté.

M. le Président donne communication d'une adresse du Congrès de la protection de l'Enfance réuni à Cadix envoyant un salut enthousiaste aux membres du Congrès littéraire de Madrid et à son président.

Le Congrès reçoit avec applaudissements cette adhésion du Congrès de Cadix.

M. le président donne également lecture :

D'une lettre de M. Van Zuylen exprimant ses regrets d'être retenu en Hollande et de ne pouvoir venir prendre part aux travaux du Congrès ni déposer sa couronne et celle de son pays au pied de la statue du célèbre auteur de Don Quichotte ;

Et d'une lettre de M. le Dr Engel, trésorier de l'Association des auteurs allemands pour la protection de la propriété littéraire chargé par ses collègues d'adresser au congrès ses salutations et félicitations, et de lui annoncer que cette association a protesté dans une réunion spéciale contre un des grands éditeurs de Leipzig qui contrefait depuis de longues années des auteurs étrangers et notamment le célèbre romancier Antonio Trueba.

Le Congrès passe à la discussion du domaine public en matière théâtrale.

M. Danvila, rapporteur, s'exprime ainsi :

« Messieurs, je regrette de tout mon cœur d'avoir à occuper de nouveau votre attention, et je regrette surtout de ne pouvoir m'exprimer dans l'harmonieuse langue de Racine avec la perfection que mérite cet auditoire illustre dont je réclame toute l'indulgence.

« Il s'agit aujourd'hui de statuer sur la question du domaine public à l'égard de la propriété littéraire et artistique. Ce domaine, c'est le droit qu'a tout le monde de profiter des ouvrages intellectuels dont la propriété particulière est expirée. C'est une conséquence naturelle et véritable de la restriction de la propriété littéraire, parce que du moment que les héritiers de l'auteur sont privés par le laps du terme fixé pour sa propriété, du droit de défendre la publication, la traduction et la reproduction de son ouvrage, tout le monde a désormais la faculté de tirer profit de l'œuvre qui n'a plus de propriétaire.

« Ce Congrès n'a pas jugé à propos d'examiner la question de la perpétuité de ce genre de propriété, et il a établi la limitation de quatre-vingts ans après la mort de l'auteur. Eh bien, cette limitation c'est la reconnaissance du principe du domaine public.

« Au sujet des ouvrages dramatiques, les auteurs ont absolument les mêmes droits que les auteurs des autres ouvrages littéraires, et de plus, le droit de représentation qui est la seule différence que la commission a remarquée.

« En conséquence, au nom de cette commission, j'ai l'honneur de soumettre à votre approbation les propositions suivantes :

« Première proposition :

« Les œuvres dramatiques ou dramatico-musicales, les compositions musicales avec ou sans paroles, jouiront de la protection que les lois et les traités accordent aux autres œuvres littéraires.

« Seconde proposition :

« Sans la permission de l'auteur des œuvres désignées dans l'article précédent, on ne pourra pas les imprimer, les traduire, les copier, les arranger, les adapter ou les représenter en public.

« Troisième proposition :

» L'autorisation du propriétaire de l'œuvre sera également nécessaire pour prendre l'argument d'un roman, ou d'une autre œuvre littéraire non théâtrale, dans le but de l'adapter à une œuvre dramatique.

« Quatrième proposition :

« Personne ne pourra faire un arrangement avec une œuvre dramatique, même en changeant le nom des personnages, le lieu de l'action, pour en faire une œuvre littéraire ou lyrique, sans l'assentiment de l'auteur ou de ses ayants cause.

« Cinquième proposition :

« Le plan et l'argument d'une œuvre dramatique et musicale, constituent une propriété pour celui qui les a conçus ou qui s'est rendu acquéreur de l'œuvre.

« En conséquence, sera considéré comme délictueux le fait de prendre l'argument et le texte d'une œuvre littéraire et musicale, pour les appliquer à une autre œuvre.

« Sixième proposition :

« Il appartient d'ailleurs aux tribunaux de décider dans chaque espèce, si le degré de similitude dans le plan et les développements scéniques est suffisant pour constituer une atteinte au droit de l'auteur. »

La première proposition est adoptée sans discussion.

M. CARL BATZ demande que le texte de la seconde proposition soit modifié par l'adjonction des mots *ou ayants cause* dans le premier membre de phrase.

La commission accepte cette nouvelle rédaction :

« Sans la permission de l'auteur ou de ses ayants cause, des œuvres désignées dans l'article précédent, etc., etc. »

Mise aux voix, la seconde proposition est adoptée.

La discussion s'engage ensuite sur la troisième proposition.

M. CARL BATZ fait observer qu'il y a deux différentes manières d'adaptation ou de contrefaçon dramatique pour la scène : 1° la contrefaçon pure et simple, qui s'approprie de suite des scènes des dialogues copiés presque textuellement ; 2° l'adaptation qui est une exploitation plutôt qu'un travail intellectuel, et qui profite du contenu d'un roman pour en tirer profit en dépit de l'auteur en lui donnant une forme dramatique.

Le premier cas a été jugé en Allemagne comme contrefaçon prévue par la législation du 11 juin 1870, mais l'emploi du titre, du plan et de l'histoire (de l'argument), même avec les mêmes mots, l'emploi des mêmes personnages et la même division d'actes et de tableaux, n'a amené en Allemagne l'auteur vivant qu'au renvoi des fins de sa plainte.

M. LOUIS ULBACH dit que la question a été agitée dans la conférence diplomatique de Berne, et qu'il a été impossible d'arriver à une solution, les délégués allemands ayant pensé qu'il était impossible de donner la définition exacte du mot *adaptation*, il a été décidé en conséquence qu'il appartiendrait aux tribunaux de décider.

M. POUILLET fait remarquer que l'adaptation peut se faire de différentes manières, soit en prenant le texte, soit en se servant du plan de l'ouvrage soit en développant certains épisodes; c'est ce que la Commission a voulu prévoir dans la rédaction de la proposition, elle s'est servie du mot *argumentum* comme pouvant désigner le plus possible, les différents emprunts faits à une œuvre.

M. CARL BATZ cite le fait d'un impresario qui ayant fait représenter avec succès une féerie sous le titre et avec le même sujet que le drame original, a eu gain de cause devant les tribunaux à Berlin, qui ont envisagé que les tiers, les acheteurs du faux, de l'imitation devaient être seuls considérés comme trompés, et que dans ce cas c'est le public qui, attiré aux représentations par une affiche trompeuse avait été lésé, mais que l'auteur de l'œuvre originale n'avait aucun droit de se plaindre ni de réclamer des dommages et intérêts.

M. POUILLET réplique que le tribunal a mal jugé.

M. CLUNET fait observer à M. Carl Batz que la sixième proposition est la réplique à son argumentation ; il y a des juges à Berlin, il ne rentre pas dans les attributions du Congrès de leur dire comment ils doivent juger.

M. LOUIS ULBACH dit que la conférence de Berne protège les ballets comme les autres œuvres et le mot *argument* lui paraît bon.

M. LOUIS RATISBONNE voudrait voir le mot *argument* remplacé par le mot *thème*.

M. POUILLET, au nom de la Commission, n'adopte pas le mot *thème*, qui n'est pas assez large.

MM. CLUNET et OPPERT pensent qu'il convient d'employer le mot argument.

M. LOUIS ULBACH dit que les mots n'existant pas pour désigner des idées nouvelles, on doit se servir des mots anciens.

Mise aux voix, la troisième proposition est adoptée.

La quatrième proposition est également adoptée sans discussion.

M. NUNEZ DE ARCE a la parole sur la cinquième proposition, qu'il repousse, bien qu'elle figure dans la loi espagnole, il ne comprend pas que l'on puisse restreindre l'essor de l'esprit humain, et que, parce qu'un argument aura servi à quelqu'un, un autre auteur ne puisse s'en servir à son tour, c'est en matière théâtrale que l'on peut dire que rien n'est nouveau sous le soleil. Il n'admet pas que l'on ne puisse pas employer un titre avant qu'il soit tombé dans le domaine public ; il cite Don Juan, qui a donné lieu à d'innombrables œuvres littéraires.

M. DANVILA dit que la proposition n'est que la reproduction de l'article 64 du règlement de 1879, qui a force de loi en Espagne, et qui figure dans différents traités, aussi la Commission maintient l'article.

On ne peut nier, ajoute-t-il, que le plan, l'argument d'un ouvrage, ne soit une propriété, et que ce ne soit une fraude que de se servir d'une partie d'une œuvre. C'est aux tribunaux à juger.

M. CARBAJAT trouve que dans l'article en discussion on pousse un peu loin l'amour de la propriété littéraire, le mot *argumentum* ne signifie pas en latin et en espagnol ce qu'il signifie en français. Et, si l'argument mis en scène par un auteur devient sa propriété, il se demande ce qu'il adviendra des légendes et de la mythologie, qui appartiennent à tout le monde, et si l'on sera réduit à ne plus traiter des sujets qui l'auront déjà été par d'autres ; il cite la *Médée*, de M. Legouvé, qui alors ne pourrait plus être traitée.

M. POUILLET répond qu'il faut que l'argument soit nouveau, et que bien que M. Legouvé ait traité *Médée*, n'importe qui peut le faire.

M. CASTRO se range de l'avis de M. Nunez de Arce et combat la proposition.

Il est procédé au vote sur la cinquième proposition, qui est adoptée, ainsi que la sixième proposition.

M. MARIN BALDO lit son rapport sur les œuvres architecturales et dépose les quatre propositions suivantes :

« 1° Les œuvres de l'architecture doivent jouir de la même protection que les autres œuvres de la littérature et des beaux-arts. »

« 2° En conséquence, l'auteur d'une œuvre originale de l'architecture peut seul en autoriser l'exécution, la reproduction, soit par le dessin, la photographie ou tout autre moyen. »

« 3° Toutefois, l'architecte ne peut empêcher de reproduire l'aspect extérieur de l'édifice dans une vue d'ensemble du lieu où il est situé, alors que la reproduction de l'édifice n'est que l'accessoire. »

« 4° Qu'il s'agisse d'un édifice public ou privé, l'architecte ne peut, à moins de convention contraire, s'opposer ni aux changements que le propriétaire juge bon d'apporter à l'édifice, ni même à sa destruction. »

La discussion est ouverte sur l'article 1er.

Si les œuvres de l'art architectural, dit M. MARIN BALDO, sont issues de l'intelligence ou du génie de leur auteur, comment pourrait-on leur refuser la même protection qu'aux deux autres? Il est impossible que ce refus se puisse admettre autrement qu'en refusant à l'architecture sa condition et sa nature d'art, ce qui n'a été contesté par personne.

Mis aux voix, l'article 1er est adopté.

M. JULES OPPERT a la parole sur l'article 2; il regrette de se trouver en désaccord avec ses collègues, l'architecture ne pouvant pas être comparée avec les autres œuvres d'art. Il est impossible de convaincre quelqu'un d'avoir fait une contrefaçon, lorsqu'il n'a fait que suivre des idées déjà émises. En faisant ces propositions, on ne se soucie pas assez de leur application, et il faut éviter de s'égarer dans une voie où les principes juridiques sont impossibles à établir. Aussi repousse-t-il l'article.

M. MARIN BALDO réplique. Si nous refusons cette concession, dit-il, qu'allons-nous garantir du droit de propriété de l'architecte?

Il est vrai que son œuvre va au domaine public et qu'il touche le prix de son travail, mais ce prix doit représenter uniquement, exclusivement, le payement du seul exemplaire qu'il a livré. Le fait est celui de l'auteur qui vend un exemplaire de son livre, ou autorise une représentation de sa comédie sur un théâtre : il n'abandonne pas pour cela ses droits ultérieurs.

Le projet en architecture est l'esquisse d'un tableau et rien de plus; seul l'auteur peut en interpréter les détails dans l'exécution.

La proposition mise aux voix est adoptée.

La discussion s'ouvre ensuite sur la troisième proposition.

M. WAUWERMANS combat la proposition comme contraire aux architectes. Empêcher, dit-il, de reproduire leur œuvre, est nuire à leur réputation, et il ne peut admettre que cette reproduction soit admise comme l'accessoire dans un paysage : la reproduction d'une œuvre architecturale n'est pas un attentat commis contre la propriété, mais une notoriété donnée à l'architecte; il demande la suppression de la seconde partie de la proposition et propose la rédaction suivante :

« Toutefois, s'il s'agit d'un monument, l'architecte ne peut empêcher d'en reproduire l'aspect extérieur. »

M. Marin Baldo réplique que si l'œuvre n'était pas au lieu qu'elle occupe, le photographe, le paysagiste ne pourraient la copier, et la place, la rue, apparaîtraient sans elle. Si Garnier laisse reproduire des photographies de son monument de l'Opéra, c'est uniquement parce qu'il le veut bien; il faut éviter de mettre des bornes aux droits de l'auteur; il repousse l'amendement de M. Wauwermans et il termine en demandant, au nom de la commission, la division de l'article.

Il est procédé au vote sur la première partie de la proposition, qui est l'amendement de M. Wauwermans.

L'amendement est repoussé.

La proposition de la commission est ensuite adoptée.

La quatrième proposition est mise en discussion.

M. Cabello la combat comme nuisible à l'art architectural et comme pouvant lui enlever son originalité.

M. Marin Baldo dit que l'on ne peut aller contre ce principe de la propriété, que celui qui acquiert une chose et qui la paye en est le maître absolu; c'est pour cela qu'il combat l'opinion restrictive de M. Cabello. Une œuvre architecturale est sienne pour celui qui en est devenu le propriétaire, il a donc le droit de la briser, de la détruire, de la modifier suivant son goût et son plaisir, et pour cela l'auteur ne sera nullement atteint dans son honneur.

Mise aux voix, la quatrième proposition est adoptée.

M. le président donne communication d'un arrêté de M. le ministre de l'instruction publique de France, nommant M. Albert Martin comme délégué au Congrès à l'effet de le représenter conjointement avec MM. Oppert et Pouillet.

M. Julio Nombela dépose la résolution suivante, qu'il demande au Congrès de vouloir bien accepter :

« Le Congrès de Madrid, avant sa clôture, émet le vœu que les Etats de l'Amérique parlant l'espagnol, qui n'ont pas encore fait de traités avec l'Espagne pour la reconnaissance mutuelle de leurs droits respectifs sur la propriété intellectuelle, rentrent bientôt dans le concert des peuples qui respectent ce principe. »

M. Nombela soutient sa proposition.

L'éloquent discours, dit-il, prononcé par M. Calzado dans la séance d'inauguration, le désir des écrivains espagnols, les demandes faites par la Société des écrivains et artistes espagnols sur l'initiative de son président, M. Nunez de Arce, et l'amour que je ressens pour mes frères d'outre-mer, m'ont décidé à vous prier d'accepter la proposition dont je viens de vous donner connaissance.

S'il s'agissait seulement de faire valoir des intérêts matériels et d'augmenter les profits des auteurs espagnols et portugais, je n'aurais pas attiré votre attention sur ce sujet, et nous ne nous montrerions pas, nous autres frères aînés des citoyens des Etats de l'Amérique qui parlent notre idiome, leurs accusateurs devant les représentants des peuples civilisés ici réunis.

Ces Etats sont encore pour les Espagnols et les Portugais presque un rêve. Ils sont riches en mines d'or et de pierres précieuses et par leurs produits du sol; la civilisation y pénètre, y séjourne et y prend de grandes proportions. Le Mexique a consacré le principe de la propriété intellectuelle perpétuelle qui nous effraie encore un peu ; la République argentine et les autres pays limitrophes prennent un tel essor que tout porte à croire que le vingtième siècle choisira ces parages comme le théâtre des hardiesses que l'humanité peut concevoir.

Ce n'est pas une plainte que nous voulons formuler en vous proposant ce vœu, mais un désir de voir nos frères s'unir avec tous les peuples civilisés dans ces festins annuels de l'honnêteté et du progrès.

Mise aux voix, la résolution de M. Nombela est adoptée.

M. Calzado parle en espagnol et demande au congrès de bien vouloir approuver sa proposition sur la contrefaçon dans les pays de langue similaire ;

Il insiste sur le dommage réel causé et aux intérêts et à la gloire des écrivains espagnols par la contrefaçon qui règne en maîtresse dans les républiques américaines et prie le Congrès d'inviter par sa décision, les pouvoirs publics à intervenir activement par la diplomatie, pour mettre un terme à ces pirateries indignes d'une époque civilisée.

Cette proposition mise aux voix est adoptée à l'unanimité.

M. Cattreux. — J'ai eu l'honneur de soumettre à l'approbation du Congrès la proposition suivante :

« *Il y a lieu de maintenir les conventions conclues entre les différents pays pour la garantie réciproque des œuvres de littérature et d'art, en attendant que l'Union universelle de Berne puisse être complétée dans ce sens de l'extension du droit d'auteur.* »

« La commission d'initiative et d'étude du congrès saisie de cette proposition a bien voulu l'accueillir, et elle m'a chargé de vous présenter le rapport sur cette question.

« Le but que nous avons en vue, c'est de réagir contre la tendance qui semble se produire dans certains Etats, lesquels sont d'avis que leur accession à l'Union universelle de Berne, les dispense de maintenir et de renouveler les conventions littéraires en cours.

« Cette tendance peut présenter des inconvénients et des dangers.

« Nous devons tous rendre hommage à ce grand acte diplomatique réalisé par la conférence de Berne. Cet admirable résultat est dû aux soins et à l'initiative de notre association. C'est un pas immense fait dans la voie des si légitimes revendications des auteurs et dans la voie du progrès et de l'unification des législations en matière de droits d'auteur.

« Mais ce n'est là que la première étape vers la reconnaissance universelle des droits intellectuels et la conférence de Berne n'a pu accepter certains principes généraux consacrés et reconnus déjà par les conventions internationales de certains pays, notamment la France, l'Espagne et la Belgique.

« Dans son remarquable discours inaugural du Congrès de Genève, l'éminent M. Numa-Droz, président de la Conférence de Berne, disait :

« Notre convention est donc *un minimum* qui n'exclut aucun « progrès, *qui respecte les arrangements internationaux dont la teneur*

« *est plus libérale pour les auteurs, qui en provoque même la conclu-*
« *sion,* qui laisse à la législation de chaque pays la faculté de se
« développer. »

« Des déclarations dans le même sens ont été faites dans les divers
pays signataires de la Conférence, à l'occasion des ratifications qui
ont été échangées pour la conclusion de l'Union universelle.

« La convention elle-même, d'ailleurs, dans un article additionnel
proclame ce qui suit :

ARTICLE ADDITIONNEL

« Les plénipotentiaires réunis pour signer la convention con
cernant la création d'une Union internationale pour la protection des
œuvres littéraires et artistiques sont convenus de l'article additionnel suivant, qui sera ratifié en même temps que l'acte auquel il se
rapporte :

« La convention conclue à la date de ce jour n'affecte en rien le
maintien des conventions actuellement existantes entre les pays
contractants, en tant que ces conventions confèrent aux auteurs ou
à leurs ayants cause des droits plus étendus que ceux accordés par
l'Union, ou qu'elles renferment d'autres stipulations qui ne sont
pas contraires à cette convention. »

« Il n'y a donc aucun inconvénient à maintenir et même à développer les conventions littéraires actuellement en cours, et il y a au
contraire des avantages nombreux et sérieux qui doivent porter
à agir dans ce sens jusqu'au jour où, acceptant nos *desiderata,* la
convention réalisera l'idéal que nous recherchons tous.

« Comme le disait avec tant d'éloquence, au Congrès d'Amsterdam, l'éminent M. Pouillet :

« Proclamons donc le principe, sauf, lorsque l'on en viendra à la
« pratique diplomatique, à nous résigner à le voir amoindri, dimi-
« nué. La proclamation du principe n'en restera pas moins un fait
« acquis.

« Disons-nous d'ailleurs, messieurs, que nous sommes avant
« tout des semeurs d'idées. Toute graine confiée à la terre ne germe
« pas ; il faut souvent s'y reprendre à plusieurs fois. Jetons la
« graine après avoir vainement attendu qu'elle lève, jetons-la de
« nouveau ; jetons-la encore, un jour viendra, soyez-en sûrs, où
« elle germera et fructifiera..

« Disons-nous bien, surtout, que nous ne travaillons ni pour nous
« peut-être, ni pour le temps où nous vivons ; nous préparons
« l'avenir, nous sommes les soldats de l'humanité et l'humanité
« c'est l'éternité. Elle a les siècles pour elle, elle peut attendre. Ne
« nous décourageons pas, marchons en avant et regardons seule-
« ment quelquefois en arrière pour mesurer du regard la distance
« parcourue. »

Voilà le langage élevé tenu à Amsterdam par l'éminent juris-
consulte français et il exprimait la même pensée ces jours derniers
en nous disant à propos de l'uniformité du droit d'auteur :

« L'Union universelle ne répond pas encore à tous nos cœurs, elle
« marque une étape dans la route difficile que nous parcourons et
« sous ce rapport nous devons accueillir avec joie toutes les amé-
« liorations qui pourront être indiquées ; nous sommes des pion-

« niers; nous ne prétendons pas toucher aujourd'hui au but défi-
« nitif, nous ne faisons qu'indiquer la voie à parcourir », et il
ajoutait : « Avançons lentement et nous avancerons sûrement. »

« Je me place en ce moment sous cette autorité si élevée, je
m'empare de ce langage si sage pour soutenir et défendre le maintien des conventions littéraires et artistiques internationales.

« Plusieurs d'entre elles, les plus larges, les plus généreuses, appor-
teront comme un encouragement, un stimulant salutaire qui per-
mettront d'introduire dans ce grand acte diplomatique de Berne
des améliorations et des extensions successives.

« Ces conventions ainsi maintenues constituent des contrats
synallagmatiques ainsi que l'a décidé l'année dernière le Congrès
de Genève.

« Ce caractère juridique des conventions littéraires ne saurait être
contesté et il assure pendant toute la durée de ce contrat et comme
minimum de droits la situation existant au moment de la conclusion de ces traités ; ceux-ci ne peuvent être réduits dans leur
effet ni leurs applications, que du consentement des deux parties
et tous les avantages ou améliorations qui pourraient être accordés
à des Etats tiers sont acquis de plein droit aux contractants des
deux parts, en vertu de la clause du traitement de la nation la plus
favorisée, clause qui est la base de toutes les conventions internationales.

« D'autre part, le maintien des conventions littéraires et artistiques
nous met à l'abri des fluctuations ou des modifications qui peuvent
être apportées aux législations intérieures des différents pays, mais
nous devons prévoir cependant que sous l'effort des intérêts particuliers ou sous l'influence des préoccupations électorales ou politiques, certains pays, non seulement refusent d'entrer dans l'Union
universelle, mais encore persistent à refuser aux étrangers la
reconnaissance de leurs droits. C'est notamment le cas de la Hollande, dont les Chambres législatives ont par deux fois repoussé des
extensions à la loi présentée pour reconnaître les droits des étrangers. Il a suffi pour arriver à ce triste résultat de la pression exercée
par des éditeurs vivant de la piraterie littéraire, et d'autres inté-
ressés qui, à défaut de littérature indigène, trouvent simple et
facile de dépouiller les auteurs étrangers et de s'enrichir de leurs
dépouilles. Or, la Hollande a des conventions littéraires avec différents pays et notamment avec la France et la Belgique. Ces conventions sont insuffisantes pour garantir complètement la propriété
littéraire et artistique, mais nous devons garder ce qui a été obtenu
et chercher à améliorer et à développer ce qui est acquis.

« Ce résultat peut être obtenu, car une déclaration échangée entre
les gouvernements de la France et de la Hollande lors du renou-
vellement de la convention littéraire en 1885, porte que les deux
gouvernements s'engagent à conclure, dans l'année, une nouvelle
convention plus large que la précédente. Malheureusement, cet
engagement n'a pas été tenu jusqu'ici, et la Hollande n'a pas accédé
encore à l'Union de Berne.

« Or, si, suivant la théorie de l'Angleterre qui juge les conventions
littéraires devenues inutiles depuis son adhésion à la conférence de
Berne, si, suivant l'exemple de l'Italie, qui n'a pas renouvelé cer-

taines conventions existantes, si dans ces conditions la Hollande laissait expirer ses conventions sans les renouveler et sans accéder à l'union de Berne, nous aurions fait un pas en arrière et nous aurions constitué, au grand profit de pirates littéraires de la Hollande, un centre nouveau de contrefaçon et de reproductions illicites.

« J'ai cru utile d'appeler l'attention du Congrès sur cette situation et de citer cet exemple qui explique et justifie la proposition qui vous est soumise ; peut-être en résultera-t-il un retour aux sentiments les plus élémentaires de la justice et de l'équité.

« Quoi qu'il en soit, je puis me résumer en disant au nom de la Commission d'initiative du Congrès que nous devons garder ce qui existe actuellement, que nous devons maintenir et développer s'il est possible, les Conventions internationales en les mettant en rapport avec le texte actuel et avec les améliorations successives qui seront apportées à l'union universelle. Nous devrons garder cette situation jusqu'au jour où tous nos vœux étant réalisés, l'idéal que nous poursuivons sera atteint dans l'intérêt des lettres et des arts et pour la gloire de l'association littéraire et artistique internationale qui aura fait reconnaître et proclamer dans tout le monde civilisé les droits imprescriptibles de l'intelligence et du génie. »

Mise aux voix, la proposition de M. Cattreux est adoptée.

M. POUILLET dit que la Commission a examiné la proposition suivante qui lui a été soumise par M. le Dr Tolosa Latour, et demande au Congrès de vouloir bien y donner son approbation.

« Les œuvres signées d'un pseudonyme doivent être protégées de la même façon que si elles étaient signées du nom même de l'auteur. »

Le Congrès adopte cette proposition.

M. LERMINA dit qu'il va parler d'une question très délicate, relativement à l'application de la loi espagnole sur la propriété littéraire.

Les Espagnols désireux de protéger les droits des auteurs ont fait une loi parfaite, mais il demande s'il n'y aurait pas moyen de l'adapter avec un peu plus d'activité, car souvent les décisions de la magistrature sont rendues après le départ des inculpés, de sorte que la loi ne donne pas les résultats désirés, et reste lettre morte. A l'appui de son dire, il cite le fait d'un procès intenté à un directeur de théâtre de Madrid contre lequel on a eu gain de cause, mais malheureusement trop tardivement, le jugement n'ayant été rendu qu'après le départ du directeur. C'est un point qu'il tenait à signaler à ses collègues espagnols.

M. LE PRÉSIDENT rappelle que la prochaine séance consacrée à Cervantès, aura lieu vendredi, à 9 heures du matin.

La séance est levée à 5 heures et demie.

Séance du vendredi 14 octobre 1887.

La séance est ouverte à 9 heures 1/2, dans la grande salle de l'Athénée, sous la présidence de M. LOUIS ULBACH.

M. EBELING donne lecture du procès-verbal de la séance précédente.

Le procès-verbal est approuvé.

M. LE PRÉSIDENT donne communication d'un arrêté du président de l'Athénée de Valence, désignant M. Vicente Queral pour représenter ladite association au Congrès.

Il donne avis que le lendemain, à l'issue de la séance, les membres du Congrès se réuniront à la place des Cortès, pour déposer des couronnes au pied de la statue de Cervantès.

Il rappelle que dans la prochaine séance, il sera procédé à l'élection des membres du Comité d'honneur, en remplacement des vacances qui se sont produites, et des membres des comités exécutifs des différentes nations faisant partie de l'association.

Pour faciliter ces élections, M. le président propose de nommer une commission.

MM. Ch. Ebeling, L. Cattreux et Lad. Mickiewicz sont nommés membres de cette Commission.

L'ordre du jour comporte ensuite l'étude littéraire sur Cervantès, et M. le président donne la parole à M. Jules Lermina.

M. LERMINA donne lecture de son Mémoire sur *Cervantès et son influence sur la littérature de tous les pays*. Il analyse à grands traits la vie de l'auteur de Don Quichotte, pour en déduire le caractère de ses œuvres et l'influence toute naturelle qu'il exerça, non seulement sur la littérature, mais encore sur les coutumes, car Cervantès, comme Molière, Boileau et Victor Hugo, a produit une impression profonde dans tous les pays.

Il estime que, même sous son aspect philosophique, Don Quichotte fut un précurseur et un modèle, et que la publication de cette grande œuvre fit éclore des œuvres analogues; Voltaire fut lui aussi un successeur de Cervantès, et M. Lermina appuie sa démonstration sur de nombreux exemples tirés de la littérature ancienne aussi bien que de la littérature contemporaine.

Il termine en constatant l'admiration éternelle du monde littéraire pour l'auteur de Don Quichotte, et il propose comme expression des sentiments du Congrès que l'on pose sur le socle de la statue de Cervantès une plaque avec cette inscription : *A Cervantès, la conscience universelle reconnaissante*. (Applaudissements.)

M. LERMINA demande à M. Nunez de Arce de vouloir bien accepter la dédicace de son travail. (Approbation.)

M. ADOLFO CASTRO donne lecture de son travail très étudié, dans lequel il soutient que le Don Quichotte de Cervantès n'est pas une diatribe contre tous les romans de chevalerie, sans distinction aucune, mais contre ceux seulement qui sont déraisonnables, et qu'il a voulu peindre, non pas les seuls Espagnols, mais tous ceux que cette lecture avait presque rendus fous.

Il fait ressortir l'influence de Cervantès sur Rousseau et les autres philosophes étrangers, et dit que son succès prodigieux tient à ce qu'il fut le modèle du bon sens et qu'il eut la gloire d'être compris et admiré du monde entier.

M. JULES SIMON, qui se lève au milieu des applaudissements, commence par déclarer qu'il ne s'attendait pas à prendre la parole, et que s'il ne lui est pas donné d'entendre son ami Castelar, il est venu au moins *pour le voir parler*. (Rires.)

« Et à ce propos, dit-il, permettez-moi de vous narrer une anec-
dote de Meyerbeer.

« Je rencontre un jour, sur le boulevard, l'illustre compositeur.

« — Ne venez-vous pas, lui demandai-je, au concert du Conser-
vatoire?

« — Non, répondit-il ; je vais à une audition bien moins importante, cela est sûr, mais où l'on apprécie bien mieux les sensations
du public ; je ne vais pas entendre de la musique, je tourne au contraire le dos à l'orchestre, et je regarde comment on écoute les
œuvres musicales. » (Approbation.)

Il continue en disant qu'après le remarquable travail de M. Lermina, il n'a plus rien à ajouter sur Cervantès ; mais puisqu'il se voit
obligé de parler, il dira quelques mots *sur la propriété littéraire*, ce
thème tant de fois discuté dans les Congrès et qu'il a défendu lui-
même au sein du Parlement contre Jules Favre.

« Ici, ajoute-t-il, vous avez entendu les voix autorisées des juris-
consultes, et je ne prévois pas quand se termineront ces débats
internationaux sur une aussi grave question.

« Parmi ceux qui jouissent de ces droits de propriété, il y a les
grands et les petits ; les premiers, auteurs dramatiques ou roman-
ciers, je les admire ; mais je m'intéresse beaucoup plus aux petits,
à ceux qui, d'année en année, concentrent toute leur vie sur un
seul volume, dans lequel ils ont laissé tout leur cœur, et qui, après
l'avoir publié, éprouvent de grandes déceptions et souffrent d'une
misère continuelle, car leur œuvre n'est pour ainsi dire connue que
de leur propre famille. (Applaudissements.)

« C'est pour ceux-là, qui tant de fois sont venus me demander
consolation et conseil, que je réclame votre protection ; il faut leur
donner, non pas la richesse, puisque hélas! ce ne serait pas possible, mais l'indépendance : ce sera la glorification de la propriété
littéraire.

« Il n'est pas juste que celui qui vit de son travail ne soit pas le
propriétaire de son travail. »

M. Jules Simon raconte ce qui lui est arrivé lorsqu'on a traduit
ses ouvrages, ce qui a justifié le proverbe *traduttore traditore*, et il
dit qu'altérer la marchandise, c'est commettre un délit.

« Il faut, dit-il, garantir l'honneur et la dignité des auteurs, et
vous ne permettrez pas qu'on vole à l'auteur sa dignité et son honneur. (Applaudissements.)

« Mais on m'objectera : N'est-ce pas la mission du philosophe de
propager les idées? Et au lieu de détruire les barrières, ne devez-
vous pas les soulever sous votre protection?

« En aucune façon ; je crois que ce n'est pas causer la perte d'une
chose que de lui donner un propriétaire ; et de même qu'on ne peut
exiger une patente d'inventeur du philosophe qui crée une idée, du
savant qui découvre une nouvelle loi du mouvement, du chimiste,
du médecin, de même il faut permettre à l'auteur d'une combinaison dramatique de revendiquer son droit.

« La vérité n'est la propriété de personne ; celui qui la découvre
est le serviteur de l'humanité, et il lui suffit d'avoir l'honneur de
la faire connaître ; on se souviendra toujours de lui comme d'un
bienfaiteur. (Applaudissements).

« Aussi, je suis heureux de la mission accomplie par nos Congrès ; les hommes de lettres travaillent toujours pour la paix, et je ne veux pas dire par là que je n'admire pas ceux qui protègent nos travaux ; les idées de paix sont celles qui font progresser le monde, et quand vous vous réunissez, vous travaillez pour cette œuvre si noble qui, selon la formule républicaine, a pour but la fraternité, et selon la formule chrétienne, l'amitié. » (Vifs applaudissements).

Dans une période éloquente il rappelle les relations qui ont existé entre la France et l'Espagne, et il ajoute :

« Il fut un temps où vous nous avez apporté la civilisation ; nos grands poètes sont Espagnols, Corneille et Victor Hugo représentent l'élément espagnol de la vie française.

« Nous vous avons vus de près, et moi qui connais beaucoup de nations d'Europe, je ne crois pas qu'il y en ait une qui marche avec plus d'ardeur que l'Espagne à la conquête de la liberté intellectuelle et politique ; c'est pour cela que vous serez, si vous n'y êtes déjà, à la tête du monde. (Applaudissements).

« Notre grande révolution de 1789 fut une révolution universelle, je parle de cette révolution sacrée, provoquée par ces illustres tribuns réunis dans un banquet à Versailles, et proclamant les droits de l'homme : je ne parle pas de la révolution sanglante. (Approbation.)

« Vous voyez que je réclame pour mon pays cette gloire ; mais en ce moment il existe chez nous des divisions dangereuses dont il faut triompher, divisions qui n'existent pas en Espagne.

« Ici vous voyez un démocrate entre un grand seigneur et un curé ; ici vous avez un républicain aimé des gouvernants, et collaborant avec eux aux grandes œuvres ; ici j'ai rencontré des républicains, peut-être un peu impatients, mais le plus grand nombre est raisonnable.

« Quand un républicain est raisonnable, il peut avoir foi dans l'avenir.

« Donc, si nous vous avons donné les principes libéraux, donnez-nous la sagesse, dont nous avons tant besoin. (Approbation.)

« Et maintenant, je terminerai en vous exprimant ma profonde gratitude pour votre accueil, et en faisant des vœux pour que, lorsque vous viendrez nous voir, vous emportiez de nous le même souvenir. » (Applaudissements vifs et prolongés.)

M. CASTELAR. — Il faut avouer que bien étrange est notre situation : si nous parlons en espagnol, nos hôtes ne nous comprennent pas ; si nous parlons en français, nous ne nous comprenons pas nous-mêmes. (Rires.)

« Aux travaux érudits de M. Lermina et de Don Adolfo de Castro, je n'ai rien à ajouter. Après le grand orateur que nous venons d'entendre, je me bornerai à lire quelques lignes d'une lettre que je viens de recevoir de Zarauz, et où l'on me dit ceci :

« Illustre M. Castelar... (Rires), je me trompe : M. Castelar. (Nouveaux rires.)

« Comme les vieux sont impertinents, vous ne savez pas de quelles attentions je suis l'objet de la part de notre amie C... (la comtesse de Guaqui) ; la pluie m'a complètement bouleversé, et je souffre beaucoup de douleurs rhumatismales. Quand vous en trouverez l'occasion, excusez mon absence auprès des membres du Congrès littéraire international. ».

« La lettre est de D. José Zorrilla. (Applaudissements.)

« Quand Jules Simon a parlé, quand notre grand poète a écrit, il ne me reste plus que l'éloquence du silence. » (Grands applaudissements.)

M. LE PRÉSIDENT, après avoir demandé si quelqu'un désirait la parole, lève la séance à 11 heures.

Séance du samedi 15 octobre 1888.

La séance est ouverte à deux heures dans la grande salle de l'Athénée, sous la présidence de M. LOUIS ULBACH.

Le procès-verbal de la dernière séance est lu et approuvé.

M. L. CATTREUX, rapporteur de la Commission des élections, propose de nommer membres du Comité d'honneur de l'association:

S. Exc. don Sigismondo Moret y Prendergast, ministre d'Etat;
S. Exc. don José de Echegaray,
Sr don Manuel Tamayo y Baus,
Sr don Benito Perez Galdos,
M. Jules Oppert,
M. Louis Ratisbonne,
M. Knighton,
M. Henri Sienkiewicz.

M. NUNEZ DE ARCE répète les noms espagnols, et demande au Congrès s'il ratifie le choix de la Commission.

Les membres proposés sont élus par acclamation.

M. LE PRÉSIDENT ULBACH fait l'éloge des nouveaux membres du Comité d'honneur et propose au Congrès, puisque l'association possède des présidents perpétuels, de créer également une fonction nouvelle, celle de secrétaire perpétuel, et de désigner pour remplir ces fonctions, M. Jules Lermina, secrétaire général de l'association; en ratifiant sa proposition, M. le président pense que l'association en s'attachant à jamais le concours de M. Lermina, pourra en même temps lui prouver sa reconnaissance pour les services éminents qu'il a rendus à l'association depuis sa fondation.

Cette motion est accueillie par les applaudissements unanimes du Congrès, et M. J. Lermina est nommé secrétaire perpétuel.

M. LE PRÉSIDENT ajoute que la nomination de M. Lermina comme secrétaire perpétuel, laisse la place de secrétaire général vacante, et qu'il pense que le Congrès voudra bien la confier à M. Ebeling, secrétaire de l'association et lui témoigner ainsi sa gratitude pour les services qu'il lui rend depuis longtemps.

M. C. EBELING est nommé secrétaire général par acclamation unanime.

M. L. CATTREUX donne ensuite la lecture des noms proposés par la Commission pour faire partie du Comité exécutif.

Le Congrès ratifie la liste proposée et le comité exécutif pour la session 1887-1888 est ainsi constitué :

Allemagne. — MM. Carl W. Batz, Dr W. Lœwenthal, Dr Engel, Robert Schweichel, Gustave Dierks.

Angleterre. — MM. G.-A. Henty, Léon Delbos, Clifford Millage, Campbell Clarke, Carmichael, G.-H. Escott.

Autriche. — MM. Wittman Hugo, Edgar Spiégel, A, Friedmann.

Belgique. — MM. E. de Laveleye, Louis Cattreux, Cluysnaer, Radoux, Wilbaux, Frans Gittens, de Borchegrave, Dillens, J. Carlier.

Danemark. — MM. Richard Kauffmann, Robert Watt.

Espagne. — MM. A. Calzado, Castillo y Soriano, Merry del Val.

France. — A. Belot, Mario Proth, Alb. Liouville, Alph. Pagès, L. Lyon-Caen, Ch. Lyon-Caen, Ed. Clunet, Ch. Ebeling, Le Bailly, V. Souchon, Doumerc, T. Robert-Fleury, Bayard, Lionel Laroze, Al. Cahen, Beaume, Kugelmann, Hetzel, Lefeuvre, Adrien Marie.

Hongrie : MM. L. Pulski, de Szemere, docteur Nordau, Raoul Chélard.

Italie : MM. Carlo del Balzo, Al. Krauss, Fél. Carrotti.

Pays-Bas : MM. G. E. V. L. Van Zuylen, G. A. Van Hamel, Taco H. de Beer, A. C. Wertheim.

Pologne : MM. Lad. Mickiewicz, Rechniewski, Pawlowski.

Portugal : MM. Ed. Coelho, Pinheiro Chagas, Silva Tullio.

Roumanie : MM. Georges Djuvara, B. P. Hasden.

Suisse : MM. Ed. Tallichet, G. Becker, Aloys d'Orelli.

M. L. Cattreux exprime le vœu suivant :

« Il y a lieu de communiquer le texte des décisions du Congrès de Madrid à tous les comités des différents pays, en leur demandant de travailler à leur réalisation et de faire connaître chaque année, avant le Congrès nouveau, les efforts tentés et les résultats obtenus au point de vue de la législation et de la jurisprudence en matière de propriété littéraire et artistique. » (*Approbation,*)

M. A. E. Houghton demande au Congrès et à son comité exécutif de prendre l'initiative d'une campagne aux Etats-Unis d'Amérique en s'adressant aux universités et aux sociétés savantes de ce pays, pour qu'elles secondent les bonnes dispositions de leur président et du gouvernement, en exerçant sur leur chambre la pression de l'opinion publique en faveur de l'uniformité de la législation littéraire et artistique.

M. le Président répond à M. Houghton que sa motion sera consignée au procès-verbal.

M. L. Cattreux exprime les regrets de M. Jules de Borchegrave, député rapporteur de la loi belge sur le droit d'auteur qui, retenu en Belgique, ne peut assister au Congrès de Madrid et dépose sur le bureau un travail préparé par M. de Borchegrave pour répondre au programme du Congrès.

M. Calzado remercie la Société des écrivains et artistes espagnols et la municipalité de Madrid de l'hospitalité qu'ils ont offerte aux congressistes étrangers et il pense que ce Congrès portera ses fruits et resserrera encore les liens d'amitié qui unissent l'Espagne aux autres peuples.

M. Castillo y Soriano s'excuse de ne pas s'exprimer dans la langue officielle et demande aux membres du Congrès comme le digne couronnement de ses travaux et comme l'expression d'aspirations généreuses et fraternelles de signer une demande d'amnistie adressée au gouvernement en faveur des écrivains poursuivis pour délits de presse.

M. le Président pense que le Congrès littéraire ne peut terminer plus dignement ses travaux qu'en s'associant à cette proposition. (*Assentiment.*)

M. le Président fait ensuite le résumé des travaux du Congrès et fait ressortir l'importance des résolutions qui ont été prises et en donne l'analyse, exprimant le regret que le temps consacré aux séances n'ait pas permis de discuter toutes les questions qui lui avaient été soumises et qui devront figurer au programme du prochain Congrès, notamment en ce qui concerne le domaine théâtral, question très importante sur laquelle il sera nécessaire de revenir.

Il dit que chacun emportera de ce voyage des souvenirs ineffaçables et qu'en dehors du témoignage de reconnaissance que l'Association veut laisser à l'Espagne pour son hospitalité en déposant des couronnes à la statue de Cervantès, elle a contracté une dette particulière envers la Société des écrivains et artistes espagnols.

C'est pour cela que les artistes qui faisaient partie du Congrès ont ressenti une émulation entre eux, que M. Adrien Marie a voulu laisser comme souvenir à la Société des écrivains et artistes une aquarelle représentant la Ville de Madrid accueillant les littérateurs et les artistes; que M. Lefeuvre, unissant son talent à celui d'un Espagnol, M. Gandarias, lui a offert un groupe représentant l'Amitié; que M. Henri Pille a dessiné une aquarelle pleine d'humour rappelant l'amitié qui unit l'Espagne à la France; que M. Dillens, un sculpteur belge, a fait don à M. Castillo y Soriano d'une statuette allégorique, et qu'enfin tous les membres du Congrès ont tenu à grouper dans un album offert à M. Nunez de Arce le témoignage de leur reconnaissance envers l'Espagne; la première page ne pouvait être mieux remplie que par une pensée de Jules Simon, qui a écrit :

« Si chacun de vous voulait écrire ici tout ce qu'il a vu de beau en Espagne, toutes les preuves de bienveillance et d'amitié qu'il a reçues, ce n'est pas un volume qu'il faudrait, c'est une bibliothèque.

« Donc moi, qui ne veux parler ni du beau pays, ni de ses gloires historiques, ni de ses nobles écrivains, ni de ses grands caractères, je me félicite d'avoir trouvé dans le pays de mon ami Castelar un grand mouvement vers la liberté et, par conséquent, vers la France. »

M. le Président parle ensuite de la convention diplomatique qui vient d'être signée à Berne et qui ne met pas une fin aux travaux de l'Association, car, au contraire, tout semble commencer pour l'Association, qui aura à lutter plus que jamais et à redoubler d'efforts pour faire observer la convention et y amener les nations qui n'y ont pas encore adhéré.

Il remercie ensuite l'Espagne de sa noble et généreuse hospitalité et les Espagnols qui ont bien voulu être les collaborateurs de l'Association et qui sont devenus et resteront à jamais des amis pour elle.

M. Nunez de Arce s'exprime en espagnol et dit que pendant les huit jours qui viennent de s'écouler, la Société des écrivains et artistes est heureuse d'avoir pu accueillir les étrangers qui sont venus à Madrid et de leur témoigner les marques de sa bienveillance.

Il espère que le Congrès portera ses fruits et que tout le monde s'unira pour faire respecter des intérêts communs.

M. CLUNET prie chacun des membres du Congrès de vouloir bien accepter un exemplaire du travail qu'il vient de faire sur la *Propriété littéraire*, la *Convention de Berne* et la *Législation espagnole*.

M. LE PRÉSIDENT prononce la clôture du Congrès et la séance est levée à 3 heures 3/4,

Le Secrétaire général,

CH. EBELING.

ANNEXE

ŒUVRES ARCHITECTURALES

Notes adressées au Congrès par M. ALLART.

Lors de la discussion des œuvres architecturales, M. Pouillet a déposé sur le bureau le travail suivant que lui avait adressé M. ALLART, ne pouvant venir le développer lui-même :

« L'œuvre de l'architecte comporte deux éléments bien distincts : le premier consiste dans une combinaison de lignes, de contours, donnant à l'édifice une physionomie spéciale. L'autre élément, d'un ordre moins élevé, consiste dans l'aménagement intérieur de l'édifice, dans la distribution des pièces qui le composent, dans les mesures prises pour assurer sa solidité.

« Si l'architecture doit être considérée comme une œuvre d'art protégée par la loi, il est évident qu'il faut exclure de cette protection toute partie de l'œuvre qui a trait à la solidité, à l'aménagement de l'édifice. Ce travail peut à coup sûr offrir un réel intérêt, mais il est impossible de les rattacher par un lien quelconque à l'esthétique. Un édifice solidement posé sur ses assises, admirablement aménagé, ne saurait être mis au rang d'une œuvre d'art, quels que soient les avantages ou le mérite de sa construction.

« Mais l'œuvre architecturale envisagée dans son aspect, dans sa forme décorative, doit-elle être protégée par la loi? Faut-il voir une œuvre dans cette combinaison plus ou moins heureuse des lignes, de creux, de reliefs qui constituent l'édifice et concourent à son ornementation?

« Si l'œuvre, comme il arrive souvent, n'est qu'une copie, si elle ne se distingue par aucune originalité, il est bien évident qu'elle ne saurait être protégée par la loi. C'est là d'ailleurs une règle générale pour toutes les œuvres de l'esprit. Mais lorsqu'un monument, un édifice, quelle que soit sa destination, présente une physionomie particulière, résultant d'une conception neuve et d'une exécution originale, on ne saurait sans injustice lui refuser la protection de la loi. Quand tout le monde est d'accord pour reconnaître un droit de propriété à l'auteur d'une œuvre de sculpture, quel qu'en soit le sujet et quelque mince que soit son mérite, comment n'accorderait-on pas la même garantie à l'architecte qui conçoit le plan d'un édifice et qui l'exécute en créant une œuvre dans laquelle peuvent se trouver réunies toutes les qualités d'une œuvre d'art : la grâce, l'élégance, la pureté des lignes, l'élévation de la pensée?

« Nous ne parlons pas bien entendu des détails qui, comme des bas-reliefs ornant une cheminée, des sculptures décorant une corniche, des cariatides soutenant un balcon, des chapiteaux de colonne, constituent, pris isolément, de véritables œuvres de sculpture protégées par la loi. Quelque avis qu'on émette sur la question qui nous occupe, nous considérons seulement l'œuvre de l'architecte dans son ensemble, dans la réunion de ses éléments complexes qui, séparés, ne peuvent offrir aucun caractère artistique. Quand cette œuvre est originale, alors même qu'elle ne rentrerait pas rigoureusement dans la catégorie des œuvres d'art, on ne saurait, sans injustice, en autoriser le plagiat.

« Mais la protection de la loi doit être renfermée dans certaines limites qui s'imposent d'ailleurs à toutes les œuvres de l'esprit. Supposons qu'un architecte ne crée pas seulement une œuvre originale, mais qu'il imagine un genre, un ordre nouveau d'architecture. Pourra-t-il interdire d'une manière absolue l'imitation de l'ordre dont il est le créateur? Nous ne le pensons pas. L'ordre, en matière d'architecture, est comme l'idée ou le style dans le domaine littéraire ; il n'est pas susceptible d'appropriation privée. L'architecte n'acquiert un droit privatif que sur l'exécution de son œuvre. Chacun est libre de s'inspirer de son idée, à la condition de ne pas lui donner la même forme, le même corps. Deux cariatides gothiques se ressemblent par le style, mais elles diffèrent par leur exécution ; bien qu'unies par une étroite parenté, elles ont chacune leur physionomie spéciale. Il sera donc toujours possible de faire, dans l'œuvre de l'architecture, la part de l'idée, du style appartenant au domaine public et celle de l'exécution qui, seule, constitue le domaine privatif de l'architecte.

« En résumé, l'œuvre architecturale doit être protégée par la loi, comme les autres œuvres de l'esprit, en tant qu'elle a pour objet l'ornementation des édifices et que son exécution présente un caractère original. »

CONGRÈS DE 1888 — VENISE

Dans sa séance en date du 15 mars dernier, le Comité exécutif a décidé que le onzième Congrès de l'Association se tiendrait en septembre prochain à Venise.

Avis a été donné de cette décision à M. le syndic de la ville de Venise, comte Serego Alighieri, qui a bien voulu répondre à cette communication par la lettre suivante :

Venise, 11 avril 1888.

Messieurs,

J'ai tardé à répondre à votre honorée lettre en date du 17 écoulé, parce que je désirais informer d'abord le Conseil de la commune de l'honneur que vous avez fait à Venise en la choisissant comme siège du onzième Congrès littéraire et artistique international.

J'ai communiqué hier au Conseil la décision du Comité exécutif de l'Association. Les représentants de la cité ont accueilli avec reconnaissance cette communication, heureux que Venise puisse recevoir les illustres membres d'une Société qui tend à un but si haut et si noble, et qui dans le champ de l'art et des produits de la pensée humaine a une mission aussi élevée à accomplir.

La ville de Venise ne manquera pas de répondre à cette gracieuse preuve de bienveillance, et j'espère que le Congrès ne trouvera pas au milieu de nous un désagréable séjour.

Dans l'attente de recevoir en temps opportun les informations nécessaires, j'ai l'honneur de vous adresser les sentiments de ma haute considération.

Le syndic,
Comte SEREGO ALIGHIERI.

Le Comité exécutif a immédiatement constitué une commission, chargée de formuler le programme du Congrès de Venise et de prendre toutes les mesures nécessaires pour lui donner le plus grand éclat.

Ce programme et les conditions du Congrès seront prochainement publiés.

AGENCE

Par autorisation du Comité exécutif, le fonctionnement de l'agence de l'Association littéraire et artistique internationale a été réglé par traité, conclu avec M. Henri Levêque, nommé agent général en remplacement de M. Du Foussat.

Voici les clauses principales de ce traité : M. Henri Levêque s'engage à assurer l'exercice des droits dérivant de la propriété littéraire et artistique au profit de chacun des membres de l'Association littéraire et artistique internationale, vis-à-vis des tiers en France et à l'étranger, pendant une période de *six années* à compter du 1er janvier 1888 pour finir le 31 décembre 1893, et renouvelable par tacite reconduction, si le Comité exécutif ou M. Henri Levêque n'a pas dénoncé le traité six mois avant son expiration et aux conditions suivantes :

M. Levêque s'interdit le droit d'exercer une retenue supérieure à cinq pour cent sur le montant des sommes fixées par les traités qu'il fera pour le compte des membres de l'Association avec tous concessionnaires de leurs droits de reproduction.

Les affaires litigieuses seront traitées de gré à gré avec l'agent général.

Aucun procès ne pourra être engagé par M. Levêque pour les membres de l'Association sans l'autorisation du conseil judiciaire.

Les membres de l'Association pourront en outre confier à M. Levêque leurs encaissements purs et simples, sur lesquels il s'interdit de percevoir un prélèvement supérieur à un pour cent sur les encaissements faits à Paris, deux pour cent sur ceux faits hors de Paris et trois pour cent sur ceux opérés hors de France.

... Dans aucun cas l'Association ne sera responsable des pertes que l'agence aurait à subir.

M. Levêque remettra tous les ans au Comité exécutif une balance des opérations en cours.

... En conséquence du présent traité, M. Levêque s'engage à verser à l'Association chaque année, dans le mois qui suivra son inventaire qui sera arrêté le 31 décembre : deux pour cent sur les bénéfices de toutes les affaires faites par son agence internationale sous les auspices ou sous le couvert de l'Association.

Le siège de l'agence générale est établi, 17, faubourg Montmartre, dans les locaux de l'Association.

En conséquence, tous les membres de l'Association ont, dès à présent, le droit de confier, aux conditions maxima ci-dessus, la défense de leurs intérêts à M. Henri Levêque, régulièrement commissionné à cet effet par le susdit traité, signé avec autorisation du comité par MM. Louis Ratisbonne, président, et Jules Lermina, secrétaire perpétuel.

Les bureaux de l'Association et de l'Agence générale sont ouverts tous les jours, de 10 heures du matin à 5 heures du soir.

COMPTABILITÉ

Encaissements. — Aux termes du traité passé avec l'Association, M. Henri Levêque, agent général, est chargé des encaissements des cotisations, dons et autres recettes afférentes à l'Association.

Dépenses. — Toute dépense au-dessous de *cent francs* sera payée sur le visa du secrétaire perpétuel.

Toute dépense supérieure à cent francs sera payée sur visa d'un des présidents de la session délégué à cet effet et par le secrétaire perpétuel.

Trésorerie. — L'agent général n'est autorisé à conserver en caisse qu'une somme de *cinq cents francs* pour les dépenses courantes.

L'excédent devra être versé entre les mains de M. Joseph Kugelmann, qui devra déposer les fonds appartenant à l'Association au Comptoir d'Escompte de Paris.

Il ne retirera les fonds, au fur et à mesure des besoins, que sur autorisation de l'agent général, visée par le secrétaire perpétuel.

Contrôle. — Une commission de comptabilité nommée annuellement par le comité exécutif est chargée d'examiner les comptes, tant au point de vue des recettes et des dépenses que de la régularité des opérations, et de fournir tous les trois mois au comité exécutif un rapport établissant la situation de l'Association.

En cas d'urgence, la commission de comptabilité, en ce qui concerne son mandat spécial, a le droit de convoquer directement le bureau.

Elle peut se faire représenter en tout temps les comptes de l'agent général et du trésorier afin d'en opérer la vérification.

Elle n'effectue directement ni recettes ni versements et tient la main à ce que les visas établis par le règlement ci-dessus soient régulièrement visés.

M. Louis Ratisbonne, président, est spécialement délégué pour donner les visas ci-dessus établis pendant l'exercice courant.

M. Jules Lermina, secrétaire perpétuel, est chargé, concurremment avec MM. Henri Levêque, agent général, et Joseph Kugelmann, trésorier, de l'exécution des clauses du présent règlement.

La commission de comptabilité est aussi composée pour la session courante :

M. Le Bailly,
M. Mermilliod,
M. Beaume.

Par convention spéciale avec M. Paul Demeny, directeur-rédacteur en chef de la *Revue libre* (ancienne *Jeune France*), les communications intéressant le fonctionnement de l'Association seront publiées dans le premier numéro de chaque mois de ladite Revue.

Ce numéro sera servi gratuitement à tous les membres de l'Association.

M. Jozé Maluquer y Salvador, membre de l'Académie de législation de Madrid, a adressé à l'Association un compte rendu intéressant et complet des séances du Congrès international de 1887, publié à l'imprimerie de la *Revue de législation*, à Madrid.

M. Henri Sienkiewicz, membre du comité d'honneur pour la Pologne, a adressé au Comité exécutif une somme de cent vingt-cinq francs à titre de don.

Nous rappelons aux membres de l'Association que les banquets mensuels sont fixés, pour la présente année, aux dates suivantes :

Jeudi 17 mai,	**Jeudi 13 septembre,**
Mardi 19 juin,	**Mardi 16 octobre,**
Jeudi 19 juillet,	**Jeudi 15 novembre,**
Mardi 14 août,	**Mardi 18 décembre.**

Ces banquets sont suivis de soirées littéraires et musicales auxquelles les membres de l'Association et leurs invités sont priés de prendre part.

Des lettres de rappel sont adressées chaque mois aux membres associés, leur faisant connaître le lieu de la réunion. Ils sont notamment priés d'envoyer leur adhésion au plus tard quarante-huit heures avant la date du banquet, pour éviter le retour d'embarras graves qui déjà ont été causés par l'absence de réponses.

Le bureau international de l'Union pour la protection des œuvres littéraires et artistiques, organisé en vertu de la Convention d'Union signée à Berne en septembre 1887, publie une revue — le *Droit d'auteur* — paraissant le 15 de chaque mois.

Prix d'abonnement. : Union postale : 5 fr. 60 ; autres pays, 6 fr. 80.

S'adresser à M. Henri Levêque, agent général de l'Association et représentant du *Droit d'auteur*, à Paris, 17, rue du Faubourg-Montmartre.

Imp. J. Kugelmann, 12, r. Grange-Batelière, Paris.